市場營銷心理學

石文典‧陸劍清‧宋繼文‧陳菲◎編著

序

產品和服務的市場營銷狀況決定著企業的盛衰,也影響著國民經濟的狀況。為此,研究二十一世紀市場營銷的規律是一項緊迫的重要課題。

本書從研究市場消費需求與消費結構開始,進而分析消費者的個體心理與消費行為以及社會文化對消費者消費行為的影響。

從市場與市場心理角度,書中探索了市場細分、消費市場、銷售環境、市場價格以及消費者的購買行為與推銷模式。

二十一世紀是知識經濟時代,因而書中系統介紹了多種創新的市場營銷理念以及現代化的超市與倉儲式的大賣場營銷的策略與顧客心理。

市場營銷的競爭,其實質也就是人才的競爭,為此,需要在書中介紹一個成功營銷人員應該具備哪些心理素質以及相關的評定量表。

第1、6章由陸劍清博士撰寫;第2、3、4、5章由石文典博士撰寫;第7章為陳菲撰寫;第8、9章由宋繼文撰寫。

本書基本上體現了二十一世紀的市場營銷心理學的主要內容,具有科學性、時代性、新穎性等特點。

石文典・陸劍清・宋繼文・陳菲

目　錄

導論

二十一世紀的市場營銷心理學

一、市場營銷心理學的起源與發展

　　市場營銷心理學是心理學與市場營銷學之間衍生出來的一門邊緣性的應用學科。其理論基礎為心理學、經濟學、社會學和文化人類學。市場營銷心理學產生於二十世紀六〇年代的美國，至今僅有約四十年的歷史，因此它還是一門很年輕的學科。但就其歷史淵源來說則可追溯到十九世紀末。這門學科有一個極為短暫的歷史，但卻有一個漫長的過去。縱觀市場營銷心理學的發展史，我們可以大致把它劃分為如下幾個階段：

第一階段：廣告心理學研究期（十九世紀末至二十世紀初）

　　這一時期市場的基本特徵是：資本主義經濟迅速發展，消費需求極度膨脹，市場基本上為需大於供的賣方市場。因此，在企業管理中生產觀念占據主導地位，企業經理奉行「我能夠生產什麼就賣什麼」的經營觀念，完全忽視了消費需求研究和其他營銷手段的配合。不過後來由於競爭的加劇和勞動生產率的迅速提高，致使某些企業出現了一定程度的產品銷路問題，因此迫使一些經濟學家和企業經理著手研究產品的銷售問題，而其中的重點又是廣告術，希望透過有效的廣告宣傳解決產品的銷售問題。1895年美國明尼蘇達大學的蓋爾首先採用問卷調查法就消費者對廣告及其所宣傳的商品的態度與看法進行了研究。1901年，美國心理學家斯科特在西北大學建立了一個心理學實驗室開始著手對廣告心理學進行實證研究。此後，他陸續

發表了十九篇文章，論述廣告心理學問題，並於1903年把這些論文彙編成《廣告理論》一書出版，強調心理學應該而且確實可以在廣告科學的發展中發揮重要的作用。他還提出心理學不僅可應用於廣告方面，而且還可以應用於各種產業問題的研究上。學術界一般認為，《廣告理論》一書的問世標誌著廣告心理學的誕生，同時它也被看做是市場營銷心理學的雛形。此後，斯科特又發表了一系列的文章論述在工商業中，應用心理學原理解決動機激勵和勞動生產率的提高問題，並於1908年出版了《廣告心理學》一書，這在建立系統的廣告心理學的道路上又邁出了一大步。

　　同一時期，美國哈佛大學的閔斯特伯格也展開了廣告心理學方面的實證研究，對廣告的面積、色彩、文字運用和廣告編排技巧等因素與廣告效果之間的關係進行了系統的實驗研究。隨後，越來越多的心理學家和市場營銷專家開始注意研究心理學知識在市場營銷中的應用問題，並出版了世界上第一本以"Marketing"命名的教科書。這一時期的研究重點是廣告心理學，這是市場營銷心理學的初創期。這一時期市場營銷心理學的主要特點是：研究範圍比較單一，主要局限於廣告心理學的研究；學科自身沒有明確的理論原則和體系，也還沒有出現現代市場營銷的一些基本觀念和原則；實務運用上僅限於大學課堂，尚未得到社會和企業的認可。

第二階段：銷售心理學研究期（二十世紀二〇年代至四〇年代末）

　　進入二十世紀二〇年代以後，隨著壟斷的資本主義商品經濟的飛速發展和市場競爭的日益加劇，商品銷售出現了前所未

有的困難。於是，商品推銷工作和推銷技術受到了人們的特別
重視，銷售第一次被看作是與生產同等重要的環節；「推銷觀
念」成為企業經理的管理理念，信奉「我賣什麼人們就會買什
麼」的營銷觀念；推銷機構和推銷人員成為企業最受重視的一
個重要部分。這種局面極大地促進了市場營銷心理學的分支之
一——消費者心理學的發展。美國西北大學的貝克倫在其《實
用心理學》一書中分兩章專門論述了銷售心理學問題，指出了
解消費者的消費需要是做好推銷工作的核心環節。這一時期的
特點是：研究範圍有所擴大，但重點是銷售心理學的研究，尤
其是推銷術備受重視；理論上仍然局限於推銷觀念的範圍之
內；實務應用範圍已擴大到企業界，但主要局限於流通領域，
尚未對潛在的市場需求和生產領域進行研究。

第三階段：消費者心理學研究期（二十世紀五○年代至八○年代初）

這一時期市場營銷心理學的研究特別繁榮。由於第二次世
界大戰後西方各國經濟由戰時經濟轉為民生經濟，加上科學技
術的飛速發展，極大地促進了市場經濟的發展。西方各國社會
生產力得到了前所未有的提高，買方市場全面形成，市場消費
需求變得異常複雜，企業面臨著更為嚴峻的考驗，於是形成了
「以消費者為中心」的現代市場營銷心理學觀念，並以此為核心
形成了現代市場營銷心理學的概念、原則和理論體系。應該指
出的是，這段時期出版了大量的市場營銷心理學專著，發表的
學術論文更是汗牛充棟。據統計，僅1967年至1976年這十年
間，美國就發表了一萬多篇消費心理學方面的文章。此外，專
門研究市場營銷心理學問題的各類刊物陸續創刊，如《廣告研

究雜誌》、《市場研究雜誌》、《消費者研究雜誌》、《市場》、
《市場調查》等。這一時期的主要特點是：市場營銷心理學的研
究範圍從流通領域向前拓展，進入了生產領域，消費者的消費
動機、態度、消費人格和購買習慣等一系列問題都成爲市場營
銷心理學家的研究對象；市場營銷心理學因此也由專門指導流
通流域中的銷售過程的參謀，發展成爲參與指導企業經營決策
的一門學科；在研究方法上也更強調動態的整體研究，實驗法
受到了人們的推崇。

第四階段：整體市場營銷心理學研究期（二十 世紀八〇年代至今）

　　進入二十世紀八〇年代以後，隨著市場競爭更趨激烈、營
銷環境的不斷變化，以往的市場營銷觀念、理論和方法已逐漸
無法適應營銷實踐的發展變化，由此產生了「大市場營銷觀念」
和「全球市場營銷觀念」。所謂的「大市場營銷觀念」，其核心
思想是強調企業不僅要適應外部環境，同時還要有意識的利用
「經濟的、心理的、政治的和公共關係的」等營銷手段主動去改
變和營造外部經營環境，使之朝著有利於企業的方向發展。所
謂的「全球市場營銷觀念」，其主要觀點是強調企業要適應經濟
全球化的趨勢，要求企業從整個世界角度去安排自己的全部營
銷活動，打破原有的國界概念，拋棄落後的本國企業與外國企
業、本國市場與外國市場的概念，按照最優化的原則，把不同
國家中的不同企業組織起來，透過適當的分工合作重新配置有
限資源，以最低的成本、最優化的市場營銷去滿足全球市場需
求，從而達到大幅度地降低成本、提高整體營銷效益的目的。
在上述嶄新的市場營銷觀念的指導下，市場營銷實踐及其相關

的理論研究工作都得到了突飛猛進的發展。這一時期市場營銷心理學的主要特點是：理論體系日趨成熟，研究方法更加精確和數量化，注重因果關係的分析和探討；多學科綜合研究的方針逐漸深入人心，尤其是與社會心理學、跨文化心理學、社會學和人類學的聯繫越來越密切；研究範圍向前延伸到了消費者對產品的潛在需求領域，向後延伸到了產品的售後服務階段；研究成果得到了社會的廣泛承認，並成爲企業進行營銷活動的理論依據。

二、市場營銷與市場營銷心理概念的界定

什麼是市場營銷？

「市場營銷」這一概念最初是從英文 marketing 翻譯而來的，是二十世紀初以來隨著西方商品經濟的發展而出現的一門新型的企業經營管理學科。至於什麼是「市場營銷」，國內外不同的學者有不同的解釋，其中最具有代表性的是下面兩種觀點：第一，美國營銷協會（AMA）認爲，「市場營銷是關於構思、貨物和勞務的概念、定價、促銷和分銷的策劃和實施過程，其目的在於實現個人與組織目標而進行交換。」第二，美國著名市場營銷學家科特勒認爲，「市場營銷是個人和集體透過創造，提供出售，並同別人交換產品和價值，以獲得其所需所欲之物的一種社會和管理過程。」這兩種觀點具有如下幾方面的共同特點和豐富的內涵：一是強調任何現代企業或者公司所進行的

市場營銷活動都必須以「顧客和市場」為導向，而不是那種過時的產品或者技術導向，更不是陳腐的生產導向；二是營銷活動以最大限度地滿足顧客的各種需要和欲望為目的，而不是以賺取最大利潤為目的。賺取利潤僅僅是滿足顧客需要和做好工作的副產品，而不是營銷活動的唯一目的。三是強調透過組織內外的協調營銷來實現其目的。這就是說，營銷活動並不僅僅是企業中專職營銷部門的職責，而是整個組織內部上下一致的自覺行動。企業在重視產品的外部的面向消費者的促銷之前，首先必須做好企業內部營銷工作，以雇用和訓練員工優質地為顧客服務。四是強調交換是市場營銷的核心，只有透過交換才能實現雙方的目的。五是強調市場營銷不僅僅局限於營利性組織的經營管理活動，而且也包括非營利性組織如學校、政府機構等組織的經營管理活動。換句話說，市場營銷並非像目前有些人所認為的那樣，「是一門關於如何更好的把企業生產的產品推銷出去的學問。」推銷產品僅僅是市場營銷的一種職能而已，而且並不是市場營銷的最主要的職能。美國企業管理權威彼得‧德魯克甚至認為，「市場營銷的目的在於使推銷成為多餘。」因此，市場營銷絕不等於營利性組織的產品推銷活動，而是一門研究包括營利性組織和非營利性組織在內的各類組織的經營管理的科學。

但是，上述觀點的缺陷在於：僅僅考慮和涉及到了組織與消費者之間的關係，而沒有同時考慮和處理「社會」這一很重要的因素，缺乏「人類生態觀念」。因為營銷活動的過程和結果不僅僅涉及和影響組織和個體消費者本身，它對整個社會也會產生非常重要的、有時甚至是致命的影響。如速食業的發展不僅迎合了消費者日益加快的生活節奏，同時也帶來了嚴重的環

境污染。換句話說，如何處理和擺正「組織、消費者和社會」三者之間的關係應該是營銷理論工作者和營銷實踐工作者都必須考慮的一個基本問題。另外，上述觀點也缺乏辯證的動態發展觀。市場營銷活動是在動態的環境中發生和發展的，而不是在靜態的環境中進行的。

　　基於上述考慮，我們認為所謂的市場營銷就是指「以促進和保護消費者和社會的整體利益為目的，在動態的環境中進行的最大限度的創造和滿足顧客需求的建設性的社會交換活動過程」。

什麼是市場營銷心理？

　　「市場營銷心理」是指市場營銷活動中的客觀現實在營銷人員和營銷對象頭腦中的主觀反映。這一定義包含了下面兩個核心概念：「客觀現實」、「主觀反映」。市場營銷活動中的「客觀現實」主要包括三類因素：第一類是營銷企業所提供的產品、服務以及對產品的說明、定價、廣告、分銷、人員推銷等，這類因素就是營銷因素；第二類是消費者本身的社會地位、經濟狀況、消費需求和購買動機，以及其他的一些因素如消費者的性別、年齡、偏好等，這類因素就是個人因素；第三類因素就是由社會文化背景、政治經濟發展狀況等構成的外部影響因素。這就是說，上述三類因素就是影響市場營銷活動成效的「客觀現實」。這些客觀現實必將在與營銷有關的人們身上產生一定的認知的、情緒的和意志的反應，並且會導致人們一定的行為反應，如對產品資訊或廣告的注意、知覺、了解、偏好、欲望和購買行為等等就是一些具體的反應。這些反應是不

同於人們照鏡子時鏡子所產生的那種機械的反應。因為照鏡子時出現的反應是人或物體原有形象的複製，而人頭腦裡產生的對那些客觀現實的反應已經具有了一定的創造性的加工性質，它並非客觀現實的、原封不動的「形象複製」，而是一種創造和複製的有機結合，因此把它們叫做「主觀反映」。

市場營銷心理是制約和左右營銷績效的一種特別重要的因素。如果說在賣方市場上因為不存在產品銷售問題，可以不考慮甚至可以完全忽略市場營銷心理的存在，那麼在買方市場上我們就沒有任何理由不按照市場營銷心理規律去進行營銷活動。尤其是消費心理行為規律更是現代市場營銷活動的理論依據，如果不對其進行深入的研究和理解，我們就沒有辦法進行任何有效的生產活動和產品促銷活動。因此，一切新產品的設計和生產，一切人員銷售活動和非人員銷售活動，都必須以市場營銷心理規律為自己的理論基礎。

三、市場營銷心理學研究對象的規定性

市場營銷心理學的研究對象是整個營銷過程中的所有參與者的心理與行為產生、發展和變化的規律。由於整個營銷過程既包括了解消費者頭腦內部的潛在的消費需求，也包括組織生產過程，還包括商品的售後服務和售後評價過程，因此，市場營銷心理學主要研究下述幾方面的內容：

研究市場營銷過程中的宏觀與微觀心理現象

前者從整個社會角度對市場消費需求的發展變化規律進行整體的分析研究，如分析和研究市場消費結構的變化發展趨勢，研究和揭示市場消費需求與社會政治經濟條件之間的關係；後者主要研究個體的消費心理與消費動機，如個體的人格特徵、消費態度、學習等因素對消費行為的影響。這方面的研究成果構成了整個市場營銷心理學的理論基礎。

對消費者的市場消費心理進行宏觀與微觀分析

前者主要研究社會文化對整個市場消費需求規律的影響，如社會文化傳統、文化的核心價值觀、參考群體、社會階層等因素對營銷過程都會產生明顯的影響，使得不同地區、不同國家、不同民族的消費行為與相應的營銷活動過程都染上了明顯的「文化共性色彩」；後者主要研究消費者的年齡、性別、家庭等因素與消費行為之間的相互關係，揭示消費行為所具有的這種「個性化色彩」。這部分研究成果將是進行市場細分與市場定位的主要理論依據，而市場細分與市場定位又是整個市場營銷活動的基礎。

研究現代市場營銷觀念與市場營銷的心理學策略等方面的內容

前者主要從心理學角度去研究知識經濟時代指導市場營銷活動的經營哲學和思想觀念，如「大市場營銷觀念」和「社會

營銷觀念」；後者主要研究在變化無常的市場環境中，如何才能制定出適應市場消費需求的全局性的和方向性的營銷規劃和目標。在市場營銷活動中，銷售方式和手段固然需要，但更重要的還是營銷觀念的更新和營銷策略的確定。

對市場營銷過程進行心理學分析

這部分內容主要研究消費者的購買心理與購買決策過程、市場心理預測以及市場行銷技巧等方面的內容。在理論分析的基礎上，具體介紹營銷的手段和技巧，強調實用性和可操作性，如廣告策略、人員推銷策略等。

研究營銷人員的選拔、考核和培訓

營銷工作是由人來進行的，其營銷對象也是活生生的各具特色的人，因此營銷人員的心理素質將直接影響到市場營銷活動的成敗。基於這種考慮，我們對營銷人員的選拔、考核和培訓工作給予了充分重視，並進行了專章論述。

從心理學角度研究市場營銷過程中不斷湧現出來的一些新事物

如多元文化背景中的營銷管理問題，以及超市營銷的規律與特點等。前者主要研究跨國營銷過程中的管理策略和發展趨勢，以及營銷過程中的文化調適問題；後者主要研究超市營銷所特有的一些問題，如消費者信任和隨意性消費等。

四、市場營銷心理學的特有研究方法

在市場營銷心理學的研究中，隨著研究對象的不同，所用的方法也有差異（見表0-1）。

此外，在市場營銷心理學的研究中，人們一般在不同的研究方法中使用各種不同的研究工具以達到自己的目的。除決策研究法和社會研究法一般使用理論分析和文獻統計以外，其他的研究方法大都使用較具有實證性的研究工具。這些研究工具既包括一些硬體設備（如攝影機），也包括一些心理學研究中被人們公認的心理量表（如利克特態度量表）。因此，我們可以說，市場營銷心理學的研究工具是隨著科學技術的發展和心理學本身的發展而逐漸發展變化的。這種對其他學科的依賴傾向

表0-1　市場營銷心理學常用研究方法一覽表

方法／研究對象	實驗	觀察與推理	自我報告	投射法	決策研究	社會研究	深度會談
需求與動機		✓	✓	✓			✓
消費者人格		✓	✓				✓
市場細分		✓			✓	✓	✓
感知覺	✓	✓	✓				✓
消費態度		✓	✓	✓			✓
營銷溝通	✓	✓	✓				✓
家庭消費行為		✓	✓				✓
社會階層					✓	✓	✓
其他文化因素		✓			✓	✓	✓
購買決策	✓	✓	✓		✓		✓

將越來越明顯，尤其是對科學技術發展水準的依賴將更為強烈。下面我們把各種研究方法中所常用的研究工具列表加以說明（見表0-2）。

一般而言，人們對市場營銷心理學問題進行研究時還要遵循如下六個步驟：

（一）確定研究的對象

即到底要研究什麼問題？是研究人們對迷你汽車的態度，還是研究使用行動電話的人數？合理地確定研究的對象有助於人們決定所要收集的資訊的類型及其所要達到的水準。對於不同類型的問題，人們所使用的研究策略也不相同。有些類型的問題，如研究的目的在於提出產品促銷的新構想，那麼一般可以採用「定性的」研究策略；而對於另外一些問題來說，如研究的目的在於確定使用某種產品的人數或者其使用頻率，那麼一般採用的是「定量的」研究策略。

表0-2　市場營銷心理學研究中常用的研究工具

研究方法	實驗法	觀察和推理法	自我報告（調查法）	投射測驗法	深度會談
研究工具	・樣本預測 ・速示器	・攝影機 ・記錄儀 ・產品掃描器 ・人員量表 ・內容分析 ・人種史材料	・問卷 ・記錄表 ・態度量表 　利克特量表 　語義差別量表 　等級次序量表 ・價值工具	・詞語聯想 ・造句測驗 ・畫圖測驗 ・圖片分類 ・墨跡測驗 ・卡通畫（TAT） ・其他人格測量工具	遮罩問卷 討論指南

（二）收集和評估二手資料

即收集和整理他人或者自己原來早已做出的研究成果，如政府機關、市場研究公司、廣告公司等都是一些重要的二手資料來源。這種二手資料不僅能夠給我們提供進一步研究的線索和方向，而且有時候甚至就能夠直接給我們提供問題的答案。

（三）設計研究方案

一般而言，人們所需要的資料類型不同，那麼將要進行的研究其收集資料的方法和模式也就會產生很大的差異。收集定性資料主要用深度會談法、聚焦組法和投射測驗法，而收集定量資料則主要用觀察法、實驗法或者調查法來進行。當然，使用觀察法、實驗法和調查法還必須進一步考慮樣本的設計、研究工具的選擇等問題。

（四）收集原始資料

也就是到現場去進行實際上的研究工作。收集定性資料通常必須由受過良好專業訓練的市場營銷心理學家親自來進行，而收集定量資料則可以由研究人員直接進行，或者是由受過一定專業訓練的第一線營銷人員代為進行。

（五）分析收集的研究資料

在定性研究中，市場營銷心理學家通常必須親自分析收集到的資料；而在定量研究中，市場營銷心理學家則指導他人分析，當然也可以親自去進行分析。在目前進行的市場營銷心理學研究中，人們一般在電腦上借助於已有的分析軟體進行資料

分析工作，而早期的許多研究工作則是以手工的方法分析收集到的資料。

（六）撰寫研究報告

　　不論進行的是定性的研究，還是定量的研究，在研究報告中都必須撰寫一個簡短的摘要，以概要說明研究過程及其主要研究結果。接下來必須有本研究所涉及的關鍵字，以利他人檢索和查閱。研究報告正文是很重要的，它必須詳細說明研究的過程、所使用的方法及其研究結果。如果是定性研究，還必須用一定的圖表來表現數據。此外，正文後面還必須附上所用問卷樣本，以利他人檢驗你所作研究的客觀性。

第1章
市場消費需求與消費結構

　　經濟活動的四大環節分別是：生產、分配、流通和消費。在大力發展市場經濟的今天，消費已日益成爲經濟活動的重點。「顧客至上」、「以消費者爲中心」等觀念，在當今已被越來越多的精明的企業家所接受，對市場消費的研究也逐漸受到重視。例如，世界知名的日本豐田公司將企業的經營方針定爲：「用戶第一，銷售第二，製造第三。」可見其對市場消費的關注程度。

　　市場消費需求與消費結構作爲消費領域的兩個主要概念，同時也是市場營銷心理學的一對最基本的概念，因爲消費需求是營銷心理理論研究的出發點，其變化是市場營銷心理「質」的反映，而消費結構則是營銷心理實證分析的重要依據，其變化是市場營銷心理「量」的體現，所以全面深入地分析與闡述市場消費需求與消費結構的基本涵義、影響因素、宏觀趨勢、變化特徵及其相關理論，對於切實理解與掌握市場營銷心理學理論將產生重要的鋪墊作用。這也是撰寫本章的主要目的。

1.1　市場消費需求概述

1.1.1　市場消費需求的基本涵義

　　一般認爲，消費是指滿足生產和生活需要的行爲和過程。廣義的市場消費包括生產消費和生活消費兩大部分；而狹義的市場消費僅指生活消費，這也是我們日常生活中所說的消費。在此，我們將簡單地介紹一下「生產消費」與「生活消費」的

確切涵義。生產消費，即生產性消費，是指滿足生產需要的行為和過程，也就是指在物質資料生產過程中，各種工具、設備、原料、燃料、輔助材料等生產資料以及勞動力的使用和耗費。生活消費則是指人們為了滿足自身需要而消耗的各種物質產品、精神產品和勞動服務的行為和過程。顯然，人們透過消費物質資料和勞務，以實現人自身的再生產的活動。本書論及的消費多指狹義的市場消費，即生活消費。

市場消費需求是如何產生的呢？按照誘因，我們可以將消費需求分為：內生型消費需求和外生型消費需求。

1. 內生型消費需求是指由內部因素啟動的消費需求。消費者可透過自我調節和自我約束來引導消費。例如，專家學者具有強烈的自我實現需要，由此誘發出逛書店、購買「精神食糧」的強烈消費傾向。
2. 外生型消費需求是指由外部因素如廣告等外部刺激啟動、誘發的消費需求，靠外部調節和約束來實施引導。例如，電視廣告中反覆出現新產品香皂，由此誘發出購買一塊試試的消費欲望。

1.1.2 市場消費需求的作用

通常，人們對投資拉動經濟增長容易理解，而對消費拉動經濟增長往往忽視，或者認識不足。殊不知，生產、流通、分配、消費是社會經濟生活周而復始的一種循環運動。社會生產的最終目的是為滿足群眾日益增長的物質文化生活需要，生產為了消費，消費促進生產，如果消費這個環節中斷了，再生

產、再投資也就失去了動力和方向。近年來,不少企業感到
「投資無方向,資金無出路」的重要原因之一就是「市場無熱
點」,消費市場的持續萎縮使得產品結構調整失去了應有空間,
使投資失去了方向。因此,透過活躍消費市場來帶動投資,將
為整個社會投資提供應有的空間和市場導向,這既有利於提高
經濟增長的品質和效益,也有利於產業結構的調整。只有當生
產、投資與消費都活躍起來,才能提供更多的就業機會,才能
增加財政收入,使整個國民經濟的運行進入良性循環的健康軌
道。據統計,由消費拉動經濟每增長一個百分點,至少可提供
二百萬人次的就業機會,並使財政收入同比例增長二至三個百
分點。

1.2　影響市場消費需求的因素

1.2.1　收入的影響——消費需求的收入彈性值

我們認為「消費需求」與「消費欲望」之間有著本質的區
別:消費欲望僅指一種主觀上的消費願望,而市場消費需求則
是指具有購買能力的需要。人們的購買支付能力是與其收入水
準直接相關的。

收入對消費需求的影響,可以用「消費需求的收入彈性值」
來表示,它代表收入增長與消費需求增長之間的函數關係。其
規律是:在其他經濟參數不變的前提下,收入增長,則消費需
求也增長;反之,收入下降,則消費需求也下降。但在不同的

方面，各自增長的範圍和幅度是不同的。各種消費需求的收入彈性值的大小，表明了不同方面的消費需求在收入增長的基礎上各自增長的幅度。

1.2.2　價格的影響——消費需求的價格彈性值

在此，我們引入另一個指標：消費需求的價格彈性值。它表示價格變化與市場的消費需求變化之間的函數關係。一般認為，在其他經濟參數不變的情況下，產品價格下降，市場需求量就增大；產品價格上升，市場需求量就下降，這兩者成反比關係，亦稱為「消費品價格與消費品需求量之間的常規性函數關係」。

當然，隨著價格變動，不同產品需求量的變動幅度也是不同的，價格在調節市場消費需求中發揮了重大作用。價格上升，消費需求量就下降，其中以日用品和文化用品的消費量減少為最多。

1.2.3　吉芬效應

在消費品價格和消費品需求量之間還存在著「非常規性函數關係」，即「吉芬效應」或「吉芬之謎」。十九世紀，英國經濟學家吉芬對愛爾蘭馬鈴薯銷售情況作觀察統計時發現：當馬鈴薯價格上升時，對馬鈴薯的需求量就上升；而當馬鈴薯價格下降時，對馬鈴薯的需求量也隨之下降，兩者成正比關係。

「吉芬效應」提醒我們注意這樣一個事實，薄利並不一定多銷，人們相信「一分價錢，一分貨」；更有少數人，為了顯示

其地位和經濟實力而專挑高價商品買，此時，產品的品質和功
效則處於次要的位置。那麼，怎樣的漲幅最能吸引消費者去購
買商品呢？這已成為一個亟待解決的問題，然而，至今尚無定
論。

1.3　市場消費結構概述

1.3.1　市場消費結構的基本涵義

從市場購買的貨幣形式來看，市場消費結構是指為滿足人
們各方面的消費需求而支付的貨幣量之間的比例關係，也就是
消費支出結構。此外，還可以將消費結構看作是人們在消費過
程中所消費的不同類型消費資料的數量比例關係，即指消費資
料和消費服務的種類及其比例關係。消費結構有宏觀與微觀之
分。宏觀消費結構是指一個國家的消費結構，微觀消費結構則
指一個家庭或個人的消費結構。

1.3.2　市場消費結構的分類

我們可以按照不同的標準對市場消費結構進行劃分。

（一）市場消費結構的主體劃分法

這是從消費者主體的類型區分出發，對消費結構類型進行
劃分，主要有以下五個劃分標準：

1. 收入水準差異：具體研究高、中、低三個收入層次的消費結構及其各自特徵的差異。
2. 職業差異：透過研究不同社會階層在消費結構上的特徵，來處理好不同目標市場的劃分與組合問題。
3. 經濟環境差異：由於各地的經濟發展水準不同，其經濟環境也存在一定差異。
4. 性別、年齡差異：由於性別或年齡上的差異，使人們的消費也各具特色。
5. 民族、宗教差異：每個民族都有其獨特的傳統習慣、生活方式與宗教信仰，因而，深入研究各民族在消費結構上的特徵，極具現實意義。

（二）市場消費結構的客體劃分法

這是根據消費資料的性質、用途以及獲取形式等來劃分消費結構。具體而言，可分為以下幾種劃分法：

第一，根據不同消費品在滿足人們消費需求上所處的層次來劃分，即研究生存產品、享受產品和發展產品在消費結構中的比例關係。這一劃分具有不確定性、可變換性和動態性，因為在不同的國家與社會、在同一國家的不同的歷史發展階段或者在不同經濟條件下的同一個人，其各層次消費所包含的具體內容是變化的、不確定的、可變換的。在發達資本主義國家中作為生存產品的消費內容，在發展中國家則可能會成為享受產品。例如，在西方國家，汽車只是基本的生存產品，而在落後國家，則成為享受產品。

第二，根據獲取方式將消費產品分為商品性消費和自給性消費。隨著經濟的不斷發展，商品性消費在整個消費結構中所

占比重將越來越大，例如，廣東珠江三角洲的農村地區中，商品性消費所占比重比內地農村高出十七個百分點左右。

第三，根據商品存在形式對消費產品進行結構劃分。通常將以物質產品形式存在的商品稱為「實物商品」；與之相對的則是「勞務商品」，其透過服務活動提供某種使用價值以滿足人們的特殊需要。勞務商品在經濟高度發展的今天尤為重要，它直接影響到第三產業的發展規模及其結構選擇問題。消費服務也可以分為三大層次：生存服務、發展服務和享受服務。

第四，根據消費形式可分為：食、衣、住、行、用等，這是一種較常用的劃分法。

第五，根據社會組織形式，可分為：社會公共消費、集團消費、個人（家庭）消費三部分。

1.4　市場消費結構的相關理論

1.4.1　恩格爾定律

恩斯特·恩格爾（Ernst Engel, 1821-1896）提出：一個家庭或一個國家越窮，其消費支出總額中，用以購買食物的費用所占比例就越大；反之，一個家庭或一個國家越富有，其消費支出總額中，用以購買食物的費用所占比例就越小。以此作為衡量消費水準高低的標誌之一。

（一）恩格爾係數及其影響因素

所謂恩格爾係數是指食物支出在消費總支出中所占的比例。

當今國際社會將恩格爾定律視爲消費結構變動發展的基本規律，聯合國將恩格爾係數的高低作爲衡量一個國家貧富程度的標準。具體指標爲：恩格爾係數在59％以上，爲絕對貧困；恩格爾係數在50％至59％，爲基本溫飽；恩格爾係數在40％至50％，爲小康水準；恩格爾係數在20％至40％，爲富裕社會；恩格爾係數在20％以下，爲極其富裕。

恩格爾定律適用的前提條件之一是假定其他一切變數皆爲常數，而在現實生活中，諸多社會經濟因素是不可能一成不變的，這些變化會或多或少對恩格爾係數產生影響，使恩格爾係數發生相應變化。

瑪格麗特‧伯格在《消費經濟學》（1986）一書中，將影響恩格爾係數的因素歸納爲四類：

◆城市化

隨著現代工商業的發展，農民不斷進入城市，使得城市逐步擴展，人們的收入與支出均有增加，但各方面增長的幅度可能會有差異，從而影響到恩格爾係數的高低。

◆商品化

在商品經濟高度發達的今天，自給性產品越來越少，商品化產品則日益增加，從而引起食品支出的增加。

◆生活方式的改變

社會化生產的逐步擴大與深入，使得人們的生活方式發生改變，人們不願意花大量時間用於做家務，而渴望有更多的時

間去娛樂、休閒和享受。例如，人們在家裡用餐的次數越來越少，在外用餐次數則越來越多，這也會使得食物支出有所增加，因為在外用餐的消費支出中包括了相當部分的服務消費支出。

◆消費品質的提高

由於經濟的迅速發展，人們的生活水準得到了改善與提高，對於食物消費而言，不僅要求「吃得飽」，更希望「吃得好」。這表現在消費結構中便是，低檔食品的比重越來越小，中高級食品比重逐漸增大，從而導致食品支出的增加。

(二) 恩格爾定律應用時的兩個限定

恩格爾認為，隨著家庭收入的增加，其總支出中用在食品上的開支所占比例會越來越小，但這種變化只是一種長期的發展趨勢，並非是每年下降的絕對傾向。恩格爾係數的變化，在不同的社會經濟條件下，仍具有特殊性，這也決定了它在實際應用中有一定的局限性。我們應當注意到，恩格爾定律雖被公認為是消費結構研究的一個重要理論，但它的適用性是以兩個限定條件作為前提和保證的。

◆假定其他一切變數皆為常數，即假定其他諸如經濟、社會
　因素等皆不變

換言之，政治、經濟、消費觀念與方式的變化都會影響恩格爾定律的適用性。

第一，在應用恩格爾定律時，如果消費者在消費習慣、消費方式、消費觀念等方面發生變化，就可能影響到恩格爾係數的高低。例如，人們的消費習慣發生變化，由原先不吸煙、不喝酒變為愛吸煙、愛喝酒，這就會使得食物支出的比重增大，

但並不能說明生活水準降低了；青年人對衣著等商品的需求增強，可能縮食節支，把支出投向名牌服裝，這樣則會使恩格爾係數下降，但也不能說明生活水準提高了。

第二，人們消費方式的改變也會對恩格爾係數產生影響。例如，由於不斷城市化，鄉村人口進入城市，雖然人們的收入增加了，但由於生活方式的改變，食物支出增長會更快，收入即使不增加，食物支出也會增長，這樣，恩格爾係數仍有可能增大。

第三，人們消費觀念的變化也是影響恩格爾定律的因素之一，如人們為圖方便，寧可多花錢上飯店吃年夜飯。另一方面，當國家政治形勢、經濟形勢等發生變化時，同樣會影響恩格爾定律。例如，中國大陸國民經濟的穩定程度對恩格爾定律的影響甚大。建政初期，雖然人民收入增加了，但糧食支出費用在幾年內急劇增加，這是因為解放前，人民吃不飽，翻身做了主人後，消費支出的主要投向就是糧食消費，當生存問題解決後，恩格爾係數才開始下降。但到了三年困難時期，人們又一次在饑餓線上掙扎，幾乎將全部收入都投向食物，恩格爾係數再次上升。十年動亂時期，由於人為地限制了收入在其他項目上（如穿、住、用等方面）的支出，在這種非常時期，無任何消費規律可言。改革開放後，其經濟不斷發展，人們收入有所增加，但由於物價等因素的影響，食物支出比重仍不穩定，時降時升。縱觀中國大陸的消費結構歷史，雖然並沒有給予恩格爾定律實踐上的論證，但我們不能因此得出恩格爾定律不適用的結論。因為只有當國家經濟相對穩定一個時期，人們達到比較協調的消費水準後，收入的增加才不會再對食物支出發生重要影響，恩格爾定律才能得以表現。至於天災、人禍等更是

破壞一般規律的特殊條件。

◆「食物支出」應有統一的涵義，一般理解為維持家庭成員
　的生存所需要的食物支出

　　只有這樣，才能保證食物支出在總收入中所占比例的動態
可比性。而消費者在非常態情況下的食物支出，如為社交應酬
或為某種紀念活動或某種情緒的需要而狂飲暴食，則不應包括
在內，因為這樣的食物支出往往不是由其收入的多少來決定
的。所以，應統一「食物支出」的涵義，使得各時期的恩格爾
係數之間可進行縱向比較。

（三）恩格爾定律與消費結構水準

　　消費經濟學家一般根據恩格爾定律將消費結構水準劃分為
四個階段：貧困型、溫飽型、小康型與富裕型。

◆貧困型消費結構

　　恩格爾係數在59％以上。消費者用全部收入購買食品尚且
不足，更無餘力涉及衣物用品，可謂食不果腹，衣不蔽體，生
活貧困。

◆溫飽型消費結構

　　恩格爾係數在50％至59％之間。居民溫飽問題已基本解
決，所剩有限收入可購買數件衣物、簡單用具（桌、椅、收音
機等）及最基本的享受發展物品（書報、雜誌等），居民絕大部
分收入用於食品消費。

◆小康型消費結構

　　恩格爾係數在40％至50％之間。居民食品消費完成從「主
食型」到「副食型」，從「粗放型」到「營養型」的轉變，開始
購買一般的衣物用品，住房面積較大，看電影、電視、近郊旅

遊成爲經常性活動，居民大部分收入用於食品和低中檔享受發
展物品消費。

◆富裕型消費結構

　　恩格爾係數在30％至40％之間。居民食品消費已趨近按需
分配，高級服裝、名貴皮毛製品和高級家用電器已經普及。

　　居民擁有私人轎車、遊艇和飛機，高級娛樂、藝術欣賞和
出國旅遊成爲經常性活動。居民大部分收入用於中、高級享受
發展物品的消費。

1.4.2　卡托納理論

　　卡托納（G. Katona, 1960）認爲，在「貧困時代」，消費是
收入的函數。由於消費者沒有購買能力，收入大部分只能用於
購買食品，以維持最低的生活水準。進入「富裕社會」後，個
體的消費行爲發生了根本變化，主要表現爲以下五個方面：(1)
收入的增加；(2)儲蓄和資產的增加；(3)信貸消費方式的普及；
(4)非必需耐用商品的比重增加；(5)經濟資訊迅速傳播。

　　在富裕社會中，廣大消費者自由酌量處理的支出以及自由
酌量處理的儲蓄和投資占據主要地位。隨著信貸消費方式的普
及，人們遠遠超過自己收入的高額支出也變得容易了，這樣，
「消費」作爲收入函數的傾向正在減少。只要自己喜歡，經過考
慮後即可購買，消費者的「購買意識」在消費中開始起重要作
用。

　　卡托納進一步提出，個體的消費行爲受下列因素影響：

　　1.經濟因素：這是影響個體消費行爲的可能條件（enabling

condition），例如人們的收入水準、酌量支出額等。

2. 心理因素：即消費者對產品的好惡態度（attitudes），例如人們對某種商品的購買欲。

3. 市場因素：這是個體消費行為的促進條件（precipitating condition），諸如產品價格下降、推出新產品等。

1.4.3　拉紮爾斯費爾德理論

拉紮爾斯費爾德（P. F. Lazarsfeld）在卡托納理論的基礎上又提出影響個體消費行為的社會因素，認為處於不同社會階層的個體具有不同的購買習慣。例如，他提出下層人們喜歡甜味重的巧克力和濃豔的花式；而上層人士則喜歡苦辣味的食物和淡雅的花式。其次，人們的生活方式也決定了其購買習慣。通常可以將消費者分為四類：

（一）經濟合理購買者

這類消費者選購商品多從經濟角度考慮，對商品的價格非常敏感，並對商品品質、服務品質有較高要求。如薪水階層購買房屋需反覆比較才作決策。

（二）個人交際購買者

這類購買者選購商品的目的是為了人情交往或工作應酬。

（三）倫理型購買者

這類購買者經過深思熟慮後，才確定購買某類商品。

（四）無所謂型購買者

這類消費者沒有明確的購物目標，一般是漫無目的地瀏覽商品，或隨便了解一些商品情況，碰到感興趣與合適的商品就會購買，否則不買商品就離去。這類購買者即使有明確的購物目標，也對購物場所表示無所謂，認爲隨便什麼地方買都一樣。

1.4.4　凱因斯的邊際消費傾向理論

在不同的國家，由於文化背景、風俗傳統等的差異，使得各國居民個人收入與消費之間的函數關係也不相同。著名經濟學家凱因斯提出了邊際消費傾向理論，他認爲：(1)消費隨收入的增加而增加；(2)消費增加的幅度總是逐漸小於收入增加的幅度。

他指出，在收入水準低的國家，消費者的收入增加時，大部分增加的收入會用於消費；而在收入水準較高的國家，消費者的收入增加時，用於消費的只占很小部分，大部分增加的收入將用於儲蓄。因而隨著收入水準的變化，恩格爾係數會發生相應的變化。當收入水準較低時，即使家庭收入保持不變，但受其他因素的影響（如物價上漲等），食物支出所占比重將會增大；當家庭收入略有增加時，用於食物支出的增長幅度可能更大；只有在達到相當高的平均食物消費水準時，收入的增加才會導致食物支出所占比重的下降，也只有在這種情況下，恩格爾係數才會隨收入的增加，呈反方向同步下降。

1.5 消費需求結構變化與市場營銷心理

1.5.1 消費需求結構變化的心理特徵

（一）消費需求總量增長的無限性和增長幅度的有限性

隨著社會生產力水準的不斷提高、社會財富的逐步增長，消費者的收入水準會相應提高，因而消費者的消費欲望是無限的；但在另一方面，一定時期內各因素增長的幅度又是有限的，因而消費者需求的增長幅度也是有限的。

（二）消費需求內容的伸縮性和漸進性

根據馬斯洛的需要層次理論，我們認為人的消費需求是漸進的、不斷運動的過程。

（三）需求結構的多樣性和替代性

由於消費個體在民族傳統、宗教信仰、經濟收入、文化程度、生活方式、風俗習慣、興趣愛好、情感意志，以及年齡、性別、職業等方面存在著差異，因而對於商品或勞務的需求必然是千差萬別的。另外，在現實生活中，某些商品相互之間具有替代性，一種商品的需求量增加，另一種商品的需求量會相對減少，例如數位相機的需求量增加，則傳統相機的需求量就會相應減少。

1.5.2　消費需求結構變化對市場營銷的影響

　　由於消費者需求具有上述心理特徵，從而對企業的市場營銷策略產生影響，具體表現為：(1)需求總量的增長影響企業產品的需求量，以及產品的更新換代；(2)需求結構的變化引導企業產品結構的調整；(3)需求目標實現與否，影響企業的產品決策。

本章摘要

◆ 市場消費需求與消費結構是市場營銷心理學的一對最基本
概念，全面深入地分析與闡述市場消費需求與消費結構的
基本涵義、影響因素、宏觀趨勢、變化特徵及其相關理
論，對於切實理解與掌握市場營銷心理學理論將產生重要
的鋪墊作用。

◆ 市場消費需求根據誘因可分為內生型消費需求與外生型消
費需求。

◆ 影響市場消費需求的因素除了收入與價格之外，還存在著
非常規性函數關係，即「吉芬效應」。

◆ 恩格爾定律是研究市場消費結構的一個重要理論，根據恩
格爾係數可將消費結構水準劃分為：貧困型、溫飽型、小
康型與富裕型四個階段。影響恩格爾係數的因素包括城市
化、商品化、生活方式的改變以及消費品質的提高。

思考與探索

1.試述市場消費需求的涵義及其作用。

2.簡述市場消費需求的影響因素。

3.試述如何應用恩格爾定律劃分消費結構水準。

4.簡述消費需求結構變化與營銷心理的關係。

第 2 章
市場營銷中消費者的個體心理與
消費行爲

　　本章我們討論與消費行為有關的一些個體心理現象，如消費者的需要、購買動機、人格特徵、學習等，這些個體心理現象是理解和把握消費行為和市場營銷活動的前提和基礎。因此，我們在概要介紹有關的基本概念的基礎上，將重點討論某些心理現象對消費行為的影響。

2.1　消費者的需要與購買動機

2.1.1　需要與動機的一般概念

　　人類的需要與動機既是建立市場營銷理念的出發點，也是了解和從事市場營銷活動的出發點。那麼，到底什麼是需要呢？目前市場營銷心理學的某些教科書中常常把與需要有關的幾個概念混淆在一起，不加區別地使用「需要」、「需求」和「欲望」等。正確地理解這三個概念的涵義，有助於人們準確地把握以這些概念為基礎建立起來的整個市場營銷心理學的理論體系和基本框架。因此，在此有必要對幾個與需要有關的概念作出明確的說明。心理學家一般認為，需要是指由人自身生理條件或者社會因素所導致的那種欠缺的或未滿足的主觀感受狀態。這種未滿足的主觀狀態說到底就是一種不舒服的緊張狀態，它會促使人們採取一定的措施去緩解之。比如由於長時間未進食而感覺到肚子餓，人們只有吃東西才能緩解腸胃內部的不舒服狀態。人的需要都是很基本的，既有物質方面的，也有精神方面的。但是，必須強調指出的是，不論是什麼性質、什

麼類型的需要都不是市場營銷工作所能創造和改變的，它們總是具有一定的「天然性」和「固定性」。因此，那種所謂的「透過市場營銷活動創造消費需要」的說法實質上是荒謬可笑的。那麼，市場營銷活動影響或者激發出來的到底是什麼呢？準確地說，市場營銷活動激發和影響的是人們的消費欲望。所謂的欲望是指希望得到能夠滿足某種基本需要的具體產品的願望。這種欲望或者願望才是營銷活動的對象。同一種基本需要可以產生不同的消費欲望，當然也可以透過不同的產品來滿足。比如可以用麵包充饑，也可以用漢堡來填飽肚子。換句話說，為數不多的基本需要可以產生多種多樣的欲望。

　　所謂的需求就是指有能力購買並且願意購買某種產品的欲望。綜上所述，需要、欲望和需求三者之間是有很大區別的，市場營銷活動不能創造或者影響人的需要，它只能影響或者創造（如果能創造的話）人的消費欲望和消費需求。

　　所謂的動機是指個體所具有的推動其實際活動以滿足其欲望和需求的內驅力。這種內驅力是由未滿足的需要所造成的緊張狀態產生的，而且是人的所有消費行為產生的根本動力和深層原因。圖2-1是一個典型的動機過程模型。

　　從圖2-1可以很直觀的看出，消費者的一切消費行為都是由一定的需要、欲望或者需求導致的，或者換句話說，消費者的所有消費行為都是為了滿足或者緩解自己的某種特定的需要。

　　因此，市場營銷的任務就是刺激消費需求，從而幫助消費者滿足自己的需要。

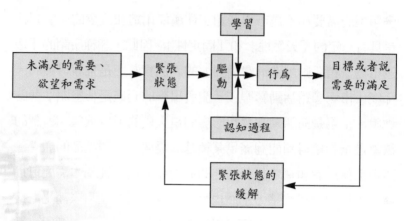

圖2-1　動機過程模型

2.1.2　需要層次論與產品定位

　　美國人本主義心理學家馬斯洛（A. Maslow）於1943年提出了一個被人們廣泛接受的需要結構理論，這就是需要層次理論（hierarchy of needs）。該理論把人的基本需要分爲五個層次，按其重要性排列從較低層次的生理需要到最高層次的自我實現的需要，中間的幾個層次依次爲安全需要、社會需要和自尊的需要（如圖2-2所示）。馬斯洛認爲，個體的高層次需要出現之前，首先必須尋求對較低層次需要的滿足；在基本需要得到滿足之後，才會出現新的較高層次的需要，由此激勵個體不斷地去追求更高層次的需要滿足。

　　我們都知道，設計和開發新產品之前，首先必須進行準確的市場細分，而馬斯洛的需要層次理論則是進行產品的心理細分的理論基礎。因此，我們可以根據馬斯洛的上述理論把產品的目標市場劃分爲如下五大類：滿足生理需要的生活必需品市

圖2-2　馬斯洛需要層次理論模型

場、滿足安全需要的保健品市場、滿足社會需要的社交用品市場、滿足自尊需要的享受類用品市場、滿足自我實現需要的發展類用品市場。下面我們分別進行討論。

（一）生活必需品市場

　　該市場主要包括基本食品、普通衣著、普通家具等一般日用品。當絕大部分人已基本解決了溫飽問題之後，生活必需品市場將由數量型向質量型轉變，由原料型向半成品、成品型轉變，由大包裝、散裝型向小包裝、多種包裝轉變。比如人們對能夠節省時間、適應快節奏生活的方便食品、漢堡、速食等產品都有很大的潛在需求。市場營銷活動只有適應這種消費趨勢，才能使企業和消費者都能得到最大滿足。

（二）保健品市場

　　該市場主要由藥品、衛生用品、保健食品和保健器械等產

品構成。隨著社會經濟的逐步發展和人民生活水準的日漸提高，消費者對自身生命安全和心理安全的保護意識將越來越強，因此產品的「安全性」將成爲影響人們選擇商品的首要因素，那些能夠祛病強身、強筋健骨、延年益壽的產品將越來越受到人們的青睞。

（三）社交用品市場

這一市場主要包括煙酒、化妝品、飲料、各類禮品等產品。隨著人民生活水準的不斷提高，隨著個人在生存空間中「孤獨感」的日益膨脹，人們的社交需要將越來越強烈，社交用品市場必將面臨一個大的發展機遇。據統計，人們用於社交的消費開支正持續增加。因此，開發包裝精美、品質優良、體現個性、富有時代感的社交用品將有良好的市場前景。

（四）享受類產品市場

這一類市場包括名牌服飾、度假旅遊、古董收藏等消費。這一市場具有較大的彈性，其內涵和外延都是隨著社會的發展而不斷發展變化的，與人們的生活水準和文化素質有著很密切的關係。因此，設計這類產品時首先必須考慮人們的消費水準和文化傳統；其次還必須使產品符合當前的流行時尚和人們的求美心理，滿足消費者的優越欲和同調性——超越他人並與時代保持同步。

（五）發展類產品市場

學習用品、書報雜誌、終身教育和智力開發以及個性發展等方面的消費需求構成了發展類產品市場。這類產品主要用於

滿足人們發展個性並最終達到自我實現的需要，其產品範圍十分廣泛，但最主要的是精神類和教育類產品。設計這類產品的要點是：開發智力、表現個性，具有獨特性和新穎性。

2.1.3　消費者購買動機分析

消費者的購買動機是指推動消費者實現某種實際購買行爲的內驅力。通俗地說，實質上也就是引起消費者「爲什麼」購買這種商品而不購買那種商品的原因。由於消費者的購買動機直接影響或者說制約著人們的實際購買行爲，因此市場營銷心理學家歷來很重視對購買動機進行多角度的研究，並提出了許多理論模型。下面我們將分別加以討論：

（一）現代消費者常見的購買動機

◆求實購買動機

以追求商品和服務的實際使用價值爲主要目的，重視商品的實際效用、功能品質，講求經濟實惠、經久耐用，而不大講究商品外觀、造型、包裝等外在因素。具有這種購買動機的人一般經濟收入不太寬餘，以中老年人居多。他們選購商品時大都比較認眞仔細，消費行爲比較保守，注意傳統和經濟實惠，不易受商品外觀和廣告的影響，是各類中基本商品的主要消費者。

◆求新購買動機

以追求商品的新穎、奇特和時尙爲主要目的，重視商品的「超時性」和「時髦性」。具有這種購買動機的人一般是經濟條件較好、思想解放、喜歡新潮的城市消費者和青年消費者。他

們選購商品時追求與眾不同和新穎奇特，特別重視商品的外觀、造型、式樣和裝潢，易受廣告宣傳和社會環境的影響，是新式時裝和各種時尚商品的主要消費者。

◆求美購買動機

以追求商品的欣賞價值和藝術價值爲主要目的，重視商品對人體的美化作用和對環境的裝飾作用，以及對人的精神生活的陶冶作用。具有這種購買動機的人一般是年輕女性和文化層次較高的人士，他們對商品的造型、色彩以及藝術欣賞價值格外重視，而對商品的實用性和價格則不太看重。這類消費者往往是高級化妝品、首飾和藝術品的主要消費者。

◆求廉購買動機

以追求商品低廉的價格爲主要特徵，希望少花錢多買東西。這類消費者以經濟收入較低的人居多，當然也有經濟收入較高而節儉成性的人。他們對商品價格變化格外敏感，喜歡選購特價或折價商品，是低檔商品、積壓存貨的主要消費者。

◆求名購買動機

以追求名牌商品爲主要目的，重視商品的商標和威望。這類消費者一般具有一定的政治和社會地位，喜歡「顯名」和「炫耀」，喜歡購買名貴商品和高於一般消費水準的、有象徵意義的商品。這種購買動機在旅遊觀光者中表現得尤其突出，喜歡遊覽名勝古蹟的同時購買特產。

◆好勝購買動機

以爭強鬥勝或爲了與他人攀比並勝過他人爲主要目的，喜歡購買顯示其經濟實力或者社會地位的商品。他們購買商品時往往不是由於急切需要，而是爲了趕上他人、勝過他人，因此其購買活動往往具有即景性和濃厚的感情色彩。

◆癖好性購買動機

　　以滿足個人特殊偏好為主要目的，喜歡購買與其嗜好和興趣有關的商品。這類消費者的購買行為一般比較理智和穩定，具有經常性和連續性特點，有時甚至省吃儉用也要購買自己喜歡的商品。

(二) 消費者購買動機分類

　　消費者的購買動機是複雜多變的，可以從不同的角度對其進行分類。我們在這裡主要介紹三種分類模式：

◆根據消費者的生理本能進行分類

　　由人的食、性等生理本能引發的購買動機主要包括下述四種：(1)維持生命的購買動機，比如由饑渴和困乏引起的對食品和寢具進行購買的動機；(2)保持生命的購買動機，比如由禦寒和治療疾病引起的對衣服和藥品進行購買的動機；(3)延續生命的購買動機，比如由生兒育女引起的對嬰兒用品進行購買的動機；(4)發展生命的購買動機，比如由提高勞動技能和教育兒童引發的對書報雜誌進行購買的動機。由上述四種購買動機驅使下的購買行為一般具有經常性和反覆性的特點，而且購買的多數是日常生活用品。

◆根據消費者的心理過程進行分類

　　由人的認知過程、情感過程和意志過程引發的購買動機主要有三種：(1)理智動機，比如經過深思熟慮和反覆權衡利弊之後購買高級耐用電器；(2)感情動機，比如為了愛情給戀人購買禮物；(3)惠顧動機，比如基於特殊的信任和偏好，對某種品牌的商品產生重複的和習慣性的購買。

◆根據人的整體機能進行分類

　　根據人的整體機能可以把消費者的購買動機劃分為兩種類型：(1)生理性購買動機，比如由維持、保持和延續自身生命而產生的各種購買動機；(2)心理性購買動機，比如由各種精神需要而引發的購買動機。我們前面提到的求美、求名購買動機就是典型的心理性購買動機。

（三）影響消費者購買動機的因素

　　市場營銷心理學的研究表明，有許多因素都會對消費者的購買動機產生直接或間接的影響，但最主要的是下述十種因素：

1. 產品的品質，即產品的品質可靠性，比如鐘錶是否準確。
2. 產品的功能，即產品的效用。產品既要耐用，又要多功能。
3. 產品的造型，即產品的外觀美術設計。
4. 產品的規格，即產品的尺寸大小和重量等。
5. 產品的包裝，即包裹或者盛裝產品的容器及其附帶的裝飾物。
6. 產品的商標，即代表產品的特定標記符號。
7. 產品的廣告，即傳播產品資訊的公開宣傳形式和手段。
8. 產品的保修，即對產品所規定的品質修復和調換承諾。
9. 產品的價格，即產品的定價標準及其所標示的金額大小。
10. 產品的付款，即購買產品所享受的付款方式及其付款時間期限。

（四）關於消費者購買動機的理論

關於消費者購買動機的理論，市場營銷心理學家曾經提出了數十種理論觀點，但最主要的或者說影響較大的是行為主義心理學家的內驅力理論、認知心理學家的期望理論和雙因素理論。這些理論的目的在於解釋消費者購買動機的根源，或者說解釋消費者行為中的「為什麼」問題，比如消費者為什麼購買這種品牌的商品而不購買那種品牌的商品，為什麼在此時購買而不在彼時購買等問題。

◆ 內驅力理論

行為主義心理學家希爾加德等人認為，人們現在做出的消費決策與其過去的行為結果或報酬之間存在著密切的關係。過去的行為如果導致了令人滿意的結果，人們就會有反覆進行這種行為的趨向；如果過去的行為導致了令人不舒服的結果，那麼人們就會出現對這種行為的迴避趨向。因此，消費者的購買動機是其過去的滿意感（習慣）的函數。用公式表示就是：

$$SE_R = SH_R \times D \times V \times K$$

式中，SE_R＝消費反應潛力或購買行為

SH_R＝習慣強度（過去的滿意感的大小）

D＝內驅力

V＝刺激強度的精神動力（廣告宣傳等）

K＝誘因動機

上述公式表明，人的消費行為是習慣強度、內驅力、精神動力和誘因動機的累計乘數關係。當人們面對某種品牌的商品時，如果上述各因素都很強，那麼人們購買這種商品的可能性

就很大。但如果其中的某個因素為零，購買行為就不可能發生。

◆期望理論

　　期望理論認為，人的消費行為主要是由兩個因素決定的：一是人們對商品的價值大小所做的評估，二是人們對獲得該商品的可能性大小的預測。用認知心理學家的話來說，購買動機是效價與期望值的乘積的函數。效價就是人們對所要達到的目標或者所要購買的商品的價值大小的估計，而期望值就是對獲得某種商品或者實現某項目標的概率大小的估計。用公式表示就是：

$$M = \Sigma\, V \times E$$

　　式中，M＝購買動機強度或努力程度

　　　　　V＝效價

　　　　　E＝期望值

上述公式表明，當消費者對某種品牌的商品的價值看得很高，而且他判斷出自己獲得該商品的可能性也很大時，那麼其購買動機就非常強烈。

◆雙因素理論

　　雙因素理論是美國心理學家赫茨伯格（F. Herzberg）於1959年提出的。該理論認為，激發人的動機的因素有兩類：一類為保健因素，也叫維持因素。這類因素沒有新的激勵人的作用，但卻具有預防不滿、保持人的積極性、維持工作現狀的作用。另一類為激勵因素，這類因素是影響人的工作積極性的內在因素，比如工作本身所具有的成就、責任和發展等因素可以促進人們的進取心，激發人們做出最好的表現。真正的激勵是兩類

因素都得到滿足。

日本學者小島外弘根據這一理論，在消費行為研究中提出了MH理論。他認為，M指激勵因素，是商品滿足消費者的魅力條件，比如商品的情調、包裝等；H指保健因素，是商品滿足消費者的必要條件，比如商品的品質、性能和價值等。MH理論認為，商品不僅必須具有基本的保健因素（品質可靠、價格合理等），同時還必須具有一定的激勵因素，才能真正激發消費者的購買動機。

2.2　消費者的人格與消費行為差異

市場營銷心理學的研究表明，人格特徵上存在的差異不僅對消費者的產品選擇（有時甚至是品牌選擇）行為會產生明顯的影響，而且對公司所進行的廣告促銷活動也會產生不同的反應。因此，研究並確定消費者的人格差異對於開展市場營銷活動將是十分必要的。

2.2.1　人格的一般概念

心理學界對「人格」所下的定義不勝枚舉，而每個定義也僅僅是概括地指出了人的某方面的特徵，或者說僅涉及到了人的某個側面。我們在這裡絲毫也沒有給出人格的完整定義的奢望，我們所能做的只是以實用的態度把「人格」放在市場營銷活動的背景中去加以界定，以獲得一個既符合我們的目的又能被人們接受的定義。所謂的「人格」是指個體所具有的區別於

他人的內在的、較爲穩定的，影響和決定其環境反應方式的心理特徵。因此，「人格」具有如下特徵：

（一）穩定性

人格一經形成就比較穩定，使個體在不同的營銷環境中能夠以基本相同的方式對營銷活動做出反應。因此，市場營銷人員如果企圖對消費者的人格特徵加以改變以符合自己的產品或者營銷策略，那將是不切實際的想法。正因爲人格特徵具有一定的穩定性，市場營銷策略及其相關活動才有了一定的延續性和本身存在的價值。否則，誰也無法對老是變來變去的消費者進行營銷活動。同時，因爲消費者的人格特徵具有一定的穩定性，這就要求我們的營銷人員要不斷地調整和改進自己的產品及其營銷策略以適應消費者的人格特徵。當然，人格特徵的這種穩定性並不意味著消費者的行爲不發生變化，也不意味著人格特徵的這種穩定性是絕對的。隨著個體周圍的社會的、環境的和其他的心理因素發生變化，消費者的消費行爲也會發生變化。

（二）個體差異性

個體的人格特徵是其內在的許多特質獨特結合的結果，因此，人與人之間存在著人格上的多樣性和差異性。然而，單就某一特性或者某一人格特質而言，人與人之間卻存在著許多相似性。人格特徵本身所具有的這種既有相似性又有差異性的性質，就成爲市場營銷活動得以存在的前提。如果人與人之間根本沒有差異存在，所有的人都是一個樣的，那麼標準化的產品生產和簡單的促銷活動就足夠了，根本用不著費盡心機的去制

定什麼營銷策略或者市場細分策略；如果人與人之間在所有方面都是不同的，沒有一點相似性存在，那麼標準化的產品生產和廣告宣傳活動就沒有存在的必要，而且市場細分也就無法進行。

2.2.2　消費者人格與消費行為差異

(一) 消費者人格對商品品牌選擇的影響

　　許多研究報告指出，消費者對商品品牌的選擇和偏愛，在很大程度上受其人格特徵的影響。一般來說，符合消費者人格特徵的商品品牌可以吸引其購買，而不符合其人格特徵的商品品牌則有可能導致拒絕購買，但消費者對其不一定感到真正討厭。這種現象最明顯的表現在化妝品、時裝和煙酒等商品的購買行為中。比如，常常聽到有人在購買商品時這樣說：「我喜歡這種，它符合我的風格」，這實質上就是人格特徵在影響消費者的購買行為。

　　商品品牌的選擇不僅與個體的人格特徵有關係，而且也與群體的特徵有關係。更準確地說，不同群體的消費者常常對某種商品品牌產生認同心理，把它看作是該群體的象徵，積極評價並重複購買所屬群體認同的品牌。比如經濟收入較高的工商業人士對「皮爾‧卡登」西裝就情有獨鍾，把它看作是自己地位和實力的象徵，而大學生則更喜歡某些休閒裝和牛仔褲。因此，研究消費者的人格特徵對商品品牌選擇的影響，將有助於市場營銷人員有目的、有意識地賦予產品不同的個性特點，藉以吸引不同的消費者，從而達到擴大市場占有率的目的。

（二）消費者人格對商店選擇的影響

　　市場營銷心理學的研究表明，消費者的人格特徵也會影響對購物商店的選擇。這方面的研究成果主要包括下述內容：一是消費者的自信心影響對購物環境的選擇。高度自信的消費者購物時更喜歡廉價的、新型的和小型的商店，而自信心較差的消費者則更喜歡去自己熟悉的商場或者大型商場購物。另外，在購買較昂貴的商品時，去專賣店或者專業商店的消費者一般來說比去傳統的大型商場的消費者更為自信。這主要是因為廉價的、小型的商店其商業信譽沒有大型商場有保證，但這類小商店在經營方式和商品種類上更具靈活性，而高度自信的消費者相信自己有能力正確評價商品，相信自己能夠控制購物中存在的風險，因而，他們更願意去相對風險較大的商店自由自在地購物；相反，自信心較差的消費者只能去大型商場購物以獲得心理上的安全感，減少購物風險和心理負荷。

　　二是消費者的場依從性影響營銷人員的選擇。場依從性的消費者比較喜歡熱情主動並且能夠提出建議的營銷人員為自己服務，而場獨立性的消費者則更喜歡稍微有點被動的營銷人員為自己服務，反感過於熱情的、喋喋不休的營銷人員。

（三）新產品購買者的人格特徵

　　新產品投入市場以後，能否引起消費者普遍的購買興趣和消費欲望，從而達到新產品擴散的目的，這在很大程度上受到新產品購買者的人格特徵的影響。因此，市場營銷心理學家對新產品購買者的人格類型的研究極為重視。目前，這方面的研究成果很多，但大多是以西方的消費者為研究對象由西方學者

做出的。下面我們主要介紹羅傑斯和佩斯的新產品購買者理論。

◆羅傑斯的新產品購買者分類理論

美國營銷學專家羅傑斯（E. M. Rogers）在其1962年出版的《改革的擴散》一書中詳細討論了消費者接受新產品時所表現出來的人格差異，提出了新產品購買者類型理論。他發現，某些消費者在新產品投入市場後很快就加以接受，而另外一些則需要很長時間才能決定是否接受。以此爲基礎，他把同一時期接受新產品的消費者歸爲一組，並按接受新產品的時間先後順序，把所有消費者劃分爲「革新者」、「早期接受者」、「早期採用大衆」、「晚期採用大衆」、「守舊者」五種類型。他發現，如果以新產品的全部接受者爲100，那麼上述各類消費者所占比例及其人格特徵如表2-1所示。

此外，羅傑斯還認爲，新產品的購買者遵從以時間爲基準的正態分布，大部分新產品的購買者集中在分布的中間階段（即中期購買者和晚期購買者），而革新者和早期接受者的人數總和正好等於守舊者的比例，他們都只占少數（如圖2-3所示）。

羅傑斯認爲，新產品消費者之所以表現爲正態分布，其原因有兩個：一是消費者對新產品的品質、性能、價格以及使用效果等屬性普遍存在著程度不同的疑慮心理，害怕自己的購買行爲將會帶來較大的風險，因而消費者購買新產品就出現了時間上的差異。二是消費者的人格特徵差異也會影響消費者購買新產品的時間順序。一般來說，冒險性強、具有革新精神的消費者將會最先購買，而遵從傳統、具有保守特徵的消費者將會最晚購買新產品。

表2-1　五組消費者所占比例及其人格特徵

新產品購買者類型	所占比例（%）	人格特徵
革新者	2.5	冒險性強，變革，非傳統，獨立性強
早期接受者	13.5	受他人尊敬，經常是公眾意見的領導人；炫耀，追逐時髦
早期採用大眾	34.0	從眾性強，喜模仿，願意照別人的路子走
晚期採用大眾	34.0	懷疑論者，猶豫不決
守舊者	16.0	遵從傳統觀念，較保守，新事物失去新異性才肯接受

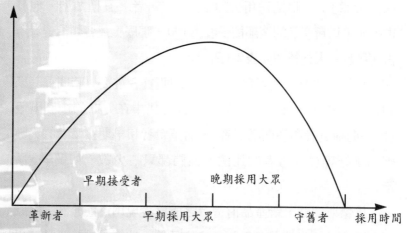

圖2-3　新產品購買者正態分布圖

◆佩斯的新產品購買者增長模型

　　在二十世紀六〇年代末，美國營銷學家佩斯根據社會心理學中的社會學習和從眾理論對新產品購買者進行了分類研究，

提出了新產品擴散的增長模型。佩斯認為，新產品的最先購買
者一般是少數革新者，其次就是人數眾多的模仿者。革新者由
於具有較強的冒險精神，獨立性強，喜歡追求時尚和以自我為
中心的人格特徵，因此他們是否購買新產品主要取決於自己對
新產品的直接了解和認識，幾乎不受他人是否購買該產品的影
響。相反，模仿者則不同，由於他們具有尊重傳統規範、隨和
順從、謹慎疑慮、他人取向、缺乏冒險精神等人格特點，因
此，他們是否購買新產品並不取決於自己的判斷，而是直接受
已經購買該產品的人數所形成的社會壓力的影響。這是因為已
經購買新產品的人數越多，周圍尚未購買該產品的社會成員就
會體驗到越明顯的孤立感，並且感覺到一種有形或者無形的社
會心理壓力，這種心理壓力就迫使那些尚未購買新產品的人採
取相應的積極行動，以保持與他人行為的同步性。佩斯認為，
革新者在新產品的購買行為中所起的帶頭作用相當明顯，革新
者本人就是最好的富有魅力的廣告宣傳，革新者購買了新產品
實質上就意味著其他人也接受了新產品。因此，市場營銷人員
應該緊緊抓住新產品購買者中的革新者，深入研究革新者的人
格特徵及其行為規律，展開以革新者為核心的營銷活動，從而
帶動整個市場營銷活動取得成功。

　　在我們列表對革新者與模仿者的行為特徵加以說明（見表
2-2）之前，我們必須強調指出，佩斯的上述觀點並沒有充分考
慮新產品購買者的文化背景差異。換句話說，在不同的文化背
景中，人們的冒險性及其對模仿行為的認同都存在著明顯的差
異。因此，在某些國家可能會出現佩斯所說的那種情況，而在
另外一些國家則很可能會出現別的情況。

表2-2　革新者與模仿者的行為差異

內容	革新者	模仿者
對新產品的興趣	很濃厚、樂意嘗試	較淡薄、喜歡模仿
冒險精神	很強、喜歡探索未知領域	較保守、喜歡熟悉的東西
指導他人購買的傾向	很強、好為人師	較弱
思想活躍程度	開放、追求時尚	較封閉、遵守傳統
對風險敏感程度	不敏感、相信自己的判斷能力	很敏感、風險意識很強
人格特徵	自主、獨立、以自我為中心	依賴、順從、以他人為中心
商品使用範圍	廣泛、沒有局限	很有限、使用社會認可的商品
對商品品牌的偏愛	不明顯、只要是新的就行	很明顯、愛好名牌商品
受電視廣告和他人影響	較少受影響	容易受影響和左右
閱讀專業雜誌	廣泛閱讀	很少閱讀

2.2.3　自我意象與消費行為

　　消費者的自我意象與其購買產品的人格特徵有著極為密切的關係。我們這裡所說的自我意象實質上就是心理學上常說的「自我概念」。以往的市場營銷心理學研究認為，每個消費者只有一個單一的自我意象影響其購買行為。但最近的研究成果表明，每個消費者都有多個自我意象，或者說是複合自我。這實質上意味著消費者在不同的營銷情景中與不同的營銷人員交往時，很可能會採取不同的行為方式。事實上也確實如此。一個消費者在超市的購買行為就明顯不同於在零售商店的購買行

為，白天的購買行為就明顯不同於夜晚的購買行為。研究表明，女性比男性更富有這種特色。由於每個消費者都具有多個自我意象，因此消費者常常是根據營銷人員提供的產品或者服務與其自我意象之間的一致性程度來評價商品或服務的。有些產品與消費者的某種自我意象或者多種自我意象之間是相矛盾的，而有些則是完全相一致的。一般來說，消費者往往會透過選擇那些他們自認為與其自我意象相一致的產品來保護或者增進自己的自我意象，同時盡力避免購買與其自我意象相矛盾的產品或服務。

市場營銷心理學的研究表明，消費者的自我意象一般包括如下五種類型：

1. 現實自我意象：消費者實際上是如何看待他們自己的。
2. 理想自我意象：消費者希望他們自己是什麼樣的。
3. 社會自我意象：消費者覺得他人是如何看待他們自己的。
4. 理想的社會自我意象：消費者希望他人如何看待他們自己。
5. 期望自我意象：消費者期望在未來的某個時間段內他們自己應該是什麼樣的。它介於現實自我意象與理想自我意象之間，在某種程度上就是現實自我意象與理想自我意象之間的一種以未來為取向的結合。

在不同的消費情景或者面對不同的產品時，消費者往往會選擇一種不同的自我意象指導自己的消費行為。例如，當消費者需要購買日常生活用品時，其行為主要受自己的現實自我意象的指導；相反，當他們需要購買社交用品或者購買有助於提高其社會地位的用品時，其行為主要受自己的社會自我意象的

指導。此外，市場營銷心理學家認為，消費者所擁有的財產或者所購買的商品常常被消費者本人看作是自己的自我意象的擴展和確證。例如，如果擁有一輛豪華型的賓士轎車，消費者本人往往把自己看作是「成功的、富有競爭力的和富足的」。一般來說，消費者所擁有的財產常常以下列方式擴展他們自己的自我意象：

1.實際擴展，借助於某種財產得以進行某項工作，否則該項工作將無法進行或者很難進行，比如使用電腦解決問題。
2.象徵性擴展，某種財產使消費者覺得自我更好或者更高大，比如組織獎勵將使自我價值得到某種象徵性肯定。
3.某種財產賦予消費者相應的身分和等級，比如擁有某項稀有名人字畫將使消費者在相應團體中的等級地位得以提高。
4.透過遺產繼承使繼承者和贈與者都具有某種不朽的感覺。
5.某種財產可賦予消費者一定的魔力，比如某種傳家寶被消費者看作是能夠帶來好運的護身符。

當然，消費者不僅借助於某種產品來擴展自己的自我意象，而且也透過產品的購買和使用來「改變」其自我意象，希望自己變得更有個性或者更與眾不同。例如，購買時裝、首飾等產品就可以修飾自己的外表，從而達到改變其自我意象的目的。

自我意象的概念對於市場營銷人員是很有實際應用價值的。他們可以根據消費者的自我意象對產品市場進行心理細分，在此基礎上以相應的產品作為自我意象的象徵，從而達到促銷的目的。換句話說，市場營銷人員應該根據消費者的某種

具體自我意象來設計自己的營銷策略，有針對性地提供產品或
者服務，並適時做出相應的調整。這種策略與市場營銷學上所
講的「情景細分策略」之間是完全相一致的。

2.3 學習與消費者捲入

消費者的學習過程一直是市場營銷心理學家最感興趣的領
域之一。這主要是因為消費者的學習過程與市場營銷人員所做
的一切努力之間存在著最直接的關係。可以說，一切營銷策略
都直接建立在與消費者的交流過程中，而交流過程則以消費者
的學習活動為根基。比如營銷過程中的廣告促銷、分銷管道等
實質上都是一種交流活動，因此，營銷人員希望消費者首先能
夠注意到這些交流活動，其次，還必須相信和記住這些資訊。
上面所提到的「注意到」、「相信」和「記住」等活動就是我們
所說的「學習活動」。下面我們就來具體地討論消費者的學習活
動。

2.3.1 什麼是學習？

雖然心理學界的各派學習理論並未對學習活動提出一個令
人滿意的定義，但從市場營銷心理學的觀點來看，所謂的學習
活動是指消費者獲得指導其未來的購買行為的消費資訊和經驗
的過程。這一定義主要包括如下幾個要點：

第一，學習是一種隨著消費新經驗的獲得而持續不斷地發
展變化的過程。在這一過程中所獲得的新經驗可以使消費者在

未來相似的消費情景中做出熟悉的或簡化的消費決策，從而降低購物成本和風險。

第二，學習活動未必都是有意識的。市場營銷心理學的研究表明，消費者的許多學習活動實質上是無意識發生的。例如，消費者在閱讀雜誌的同時無意中聽到了電視上的商品廣告並下意識的記住了。

第三，消費者的學習是一種範圍相當廣泛的活動。從最簡單的日用品購買反應，到最複雜的貴重耐用品的購買決策都是消費學習。

第四，儘管各種學習理論之間在許多問題上存在著很大的差異，但它們又都一致承認學習活動的發生必須有一些最基本的要素存在，比如動機、誘因、反應和強化等。

2.3.2　消費學習理論

解釋消費行為的學習理論不勝枚舉，但最主要的是行為主義學習理論和認知學習理論。下面我們分別予以介紹。

(一) 行為主義學習理論

行為主義學習理論有時又叫做刺激—反應理論。如果一個消費者以一種可預測的方式對一個已知刺激（如商品資訊等）做出反應（如消費決策），那麼就可以說他在學習。與消費學習中的輸入和輸出相比較而言，行為主義學習理論並不那麼關心消費學習過程。這就是說，行為主義學習理論主要關心的是消費者如何從環境中選擇刺激，以及如何對這些刺激做出可觀察的反應。行為主義學習理論為我們的許多市場營銷活動提供了

理論基礎。下面我們介紹與市場營銷關係最密切的兩種行為主義學習理論：古典的條件反射學習理論和操作條件反射學習理論。

◆古典的條件反射學習理論

　　古典的條件反射學習理論把所有的組織（人和動物）都看作是消極被動的機器，只要重複某種刺激，相應的反應就一定能夠出現。具體而言，當一個能夠引起某種反應的刺激與另一個刺激成對重複出現時，如果後者也能夠引起與前一刺激同樣的反應，那麼條件反射學習就出現了。在古典的條件反射學習理論中，一般把前一刺激叫做「無條件刺激」（US），而後一刺激則叫做「條件刺激」（CS）；由「無條件刺激」所引起的反應就叫做「無條件反應」（UR），而「條件刺激」所引起的反應則叫做「條件反應」（CR）。這種條件刺激與條件反應之間的固定而暫時的聯繫就叫做條件反射，它實質上就是古典條件反射學習理論中所講的「學習」活動。比如消費者一看到某種美味食品（US）就會流口水（UR），這是一種無條件反射；而如果把「食品」一詞（CS）與真正的某種美味食品同時呈現並反覆多次，那麼消費者在具體食品即使不出現而只要看到或聽到「食品」這一詞彙（CS）的情況下就會流口水（CR），這就是條件反射學習。圖2-4的模型直觀地表現了古典的條件反射學習理論。在市場營銷情景中，影響消費者的條件刺激主要是商標、產品、零售商店和廣告等；而消費者的條件反應則主要是購買行為或者是對商店的惠顧。無條件刺激可能是名人推薦、體育明星和某種廣為人知的消費訊號等。

　　在古典條件反射學習理論中，「重複」、「刺激泛化」和「刺激分化」是三個與消費行為有密切關係的重要概念。古典條

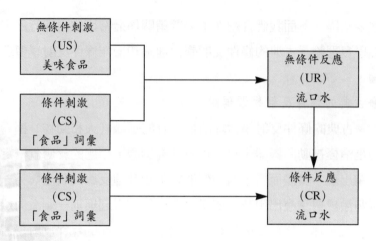

圖2-4　古典條件反射學習模型

件反射學習理論認為，條件刺激與無條件反射之間的聯繫多次
「重複」，對條件反射的形成是至關重要的。然而，後來的研究
表明，刺激的簡單重複在增強聯繫並降低遺忘方面的效果是逐
漸減弱的。這就是說，有助於增強保持力的「重複」其次數是
有限度的。一旦超過了一定的次數，消費者的注意力就會衰
減。在廣告心理學中，這種效應就叫做「廣告損耗」。根據市場
營銷心理學家的研究，避免這種「廣告損耗」的最好方法一般
是：用各種不同的形式表現同一個主題，或者使用不同的背
景，或者運用不同的廣告人物。總之，「變化」是有效防止
「廣告損耗」的理想方法。

　　古典條件反射學習理論認為，消費者的學習活動不僅依賴
於「重複」，而且也依賴於消費者對刺激的泛化能力。如果消費
者不能夠對差別很小的各種刺激做出相同的反應，那他就無法
進行更多的學習。換句話說，如果消費者沒有歸類能力，對一
切刺激都要分別做出各種不相同的反應，那就根本無法進行學

習，更無從積累適應生活的經驗。在市場營銷心理學中，「刺激泛化」效應可以有效地解釋下述現象：為什麼模仿得特別像「我的」產品能夠輕而易舉地獲得相應的市場占有率？為什麼有些小企業特別喜歡模仿大企業的產品包裝和商標？其主要原因就是消費者容易把模仿者的產品與曾經在廣告上看到過的產品混淆在一起並產生誤購，從而大大降低模仿者的生產成本。

市場營銷實務中有一個廣泛應用的「產品線延伸」策略（即把相關的新產品搭載在已形成品牌效應的老產品上進行銷售），其原理也是刺激的泛化。一項市場營銷心理學的實驗室實驗研究表明，品牌延伸的產品與原產品之間的相似性越大，對原產品的積極評價（或消極評價）遷移到新產品的可能性也就越大；某項產品在其相應的產品領域中的卓越品牌聲響將對無關領域的新產品評價產生消極的影響。由於這種延伸策略比發展全新的品牌要節省許多生產成本，因此許多企業都樂意採用。據統計，美國市場上每年大約有二萬種左右的新產品上市，但其中約80％的新產品採用了「產品線延伸」策略。

古典條件反射學習理論還認為，消費者不僅能夠泛化消費刺激，而且也能夠從一系列相似的刺激中分辨出某種特定的刺激來。這後一種學習活動就叫做「刺激的分化」，它是市場營銷中進行產品定位策略的理論基礎。產品市場中的模仿者希望消費者能夠泛化他們的消費經驗，而市場領袖則希望消費者能夠分化其消費經驗，把自己的某種商品品牌形象長久地保持在人們的心目中，以此保持自己在某種產品市場中的領導地位。市場營銷心理學的研究表明，一旦消費者對產品消費資訊產生了刺激分化，要想把某個市場領袖從其領導地位上逐出常常是非常艱難的。主要原因之一就是因為市場領袖通常都是第一個進

入該市場的，而且長期以來一直在進行不懈的努力，希望透過廣告和銷售手段努力使消費者能夠把他們的特定商標與其產品牢牢地聯繫在一起。一般來說，消費者的消費學習（即把某種商標與其產品聯繫在一起）時間越長，產生刺激分化的可能性也就越大，而出現刺激泛化的可能性就越小。從市場營銷心理學的角度來看，產生刺激分化的關鍵就是進行有效的產品定位。

◆操作條件反射學習理論

根據操作條件反射學習理論（也叫「工具條件反射學習理論」）的代表人物史金納的觀點，大多數學習活動都發生在受控制的環境中。在這種環境中消費者被「獎勵」做出某些適宜的消費行為。換句話說，所謂的「學習」是指消費者透過不斷地嘗試錯誤，最終將會選擇那些能夠導致有利結果（比如獎勵）的消費行為，同時會盡力避免那些會導致不利結果（比如懲罰）的消費行為。這裡，那些「有利結果」的經驗就是「教育」消費者重複某種消費行為的「工具」。例如，有個消費者想買房子，他看了許多風格各異、價格不等的房子（看的過程就是嘗試錯誤的過程），最終他發現了最適合於自己的房子（積極強化）。根據操作條件反射學習理論，該消費者選擇房子的過程實質上也就是在進行工具性學習，而且那個最適合他的房子類型很可能就是他（如果可能的話）將來繼續購買的首選目標。圖2-5直觀地表現了操作條件反射學習理論模型。

操作條件反射學習理論中有兩個基本概念與市場營銷心理學有著密切的關係：強化和學習時間分配。史金納認為，有兩種強化類型會影響反應重複出現的機率：正強化和負強化。正強化就是那些能夠不斷加強某種反應出現機會的事件，而負強

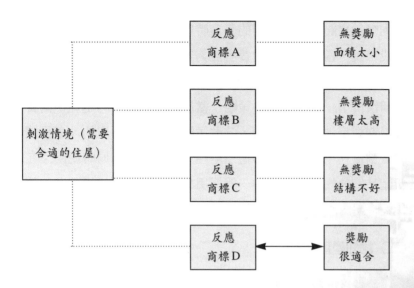

圖2-5　操作條件反射學習理論模型

化就是用來鼓勵某種特定行為的那些不愉快的或者消極的結果。請注意,「負強化」與「懲罰」是有區別的。負強化與正強化的目的都是用來鼓勵某種所希望行為的出現,而懲罰則是用來拒絕或者不鼓勵某種行為的出現。市場營銷心理學中常用「恐懼訴求」來表現廣告內容,這正是一種負強化。例如,人壽保險公司在電視廣告中播放了一些有點可怕的畫面,以此提醒汽車司機趕快購買人壽保險。像這種借助於負強化所做的廣告宣傳,其目的就在於鼓勵消費者透過購買廣告上的產品從而避開消極後果。

　　根據操作條件反射學習理論,學習中的時間分配方式(集中學習與分散學習)將直接影響消費者的學習效果。所謂的集中學習是指在很短的時間內反覆學習同一內容,直至學會全部內容;而分散學習則指在一較長時間段內分批學完規定內容。

市場營銷實踐中常用不同的學習時間分配方式設計廣告策略。一般來說，當廠商希望消費者能夠對其產品立即產生強烈印象（如介紹新產品或者與競爭者的強烈的廣告宣傳相抗衡時），在這種情況下一般採用集中策略；當廣告宣傳的目的是促使消費者長期穩定地進行購買時，分散策略一般是最可取的。在具體的營銷實務中，廠商常常把這兩種策略結合起來同時使用：在新產品宣傳的最初幾週內一般採用集中策略，而以後則在一個較長時期內使用分散策略。

（二）認知學習理論

消費者的學習活動並非都是重複試誤的過程，事實上有相當多的學習活動要借助於消費者的思維、問題解決、頓悟等心理活動。這種以消費者的心理活動為其思想基礎的學習活動理論被稱之為認知學習理論。認知學習理論認為，人類最富特色的學習活動是問題解決，它可以使消費者獲得控制其環境的知識經驗。同行為主義學習理論相反，認知學習理論主要強調學習過程中的訊息的複雜的心理加工過程。下面我們介紹兩種認知學習理論：訊息加工學習理論和捲入理論。

◆訊息加工學習理論

訊息加工學習理論把消費者的學習過程和電腦的資訊處理過程進行類比，認為消費者的學習過程不僅與其認知能力有關，而且也與所要加工的訊息及其複雜程度有關。消費者一般是透過產品的品質、商標、兩種品牌之間的比較或者把上述因素結合在一起進行產品的訊息加工。因此，消費者的認知能力越強，他所獲得的產品訊息就越多，同時他對產品訊息的整合加工能力也就越強。

　　訊息加工學習理論認為，消費者的訊息加工過程中最關鍵的是記憶過程。一般認為，消費者的記憶過程中有一些專門的「訊息儲藏室」，專供臨時儲存尚需進一步加工的訊息。這些「儲藏室」就是：感覺記憶、短時記憶和長時記憶。我們知道，人的一切訊息都是透過感覺器官的初步加工後輸入大腦的。在加工和傳輸訊息的過程中，這些訊息將會在消費者的感覺器官中留下直觀形象的「記憶表象」。儘管這種記憶表象在感官中只能儲存大約一至二秒的時間就會被「遺忘」，但其儲存容量卻相當大。這就是所謂的「感覺記憶」。感覺記憶中的訊息一旦被消費者意識到就會進入「短時記憶」。短時記憶是一種真正的記憶階段，訊息在短時記憶階段繼續得到加工，但其儲存時間也很短（大約三十秒鐘左右）。比如我們在電話簿上查到了一個電話號碼，但剛一撥完就把電話號碼遺忘掉了。短時記憶中的訊息經過「默誦」就會進入「長時記憶」。訊息在長時記憶中還要受到進一步的加工，雖然長時記憶中儲存的訊息在幾分鐘內也可能會發生遺忘，但一般情況下長時記憶中的訊息總要持續幾天、幾週甚至終生不忘。圖2-6表明了消費者訊息加工的過程。

　　一系列的市場營銷心理學研究表明，消費者對產品訊息和廣告訊息的編碼方式受許多因素的影響。一項研究表明，消費者對商業廣告編碼方式與電視節目的背景內容有關。電視節目的有些內容需要消費者花費更多的認知資源進行加工，而有些內容則需要較少的認知資源就可加工。同理，廣告節目的不同部分也需要不同的認知資源進行加工。當消費者把過多的認知資源用於電視節目本身時，那他就必然用較少的認知資源對電視節目所傳遞的廣告訊息進行編碼和儲存。因此，把廣告節目安排在輕鬆愉快的背景中可能效果更好。另一項研究表明，男

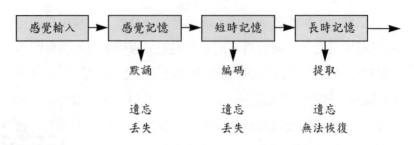

圖2-6　消費者訊息加工的記憶模型

性消費者與女性消費者的編碼方式有較大的差異，女性消費者所回憶起來的電視廣告內容中的社會關係主題比男性消費者要多。還有的研究表明，消費者所掌握的關於某個品牌本身具有的積極的和消極的品質屬性知識的數量將直接影響其購買判斷和選擇。在一個有限的時間段內，當消費者面對過多的訊息時（訊息超載），他們往往無法對所有的訊息進行必要的編碼和儲存，其結果就是訊息的混淆，最終使購買決策無法做出。

　　訊息加工學習理論認為，消費者儲存在記憶中的產品訊息一般是以商標或者品牌為基礎的，而且消費者也是以一種與已經組織好的訊息相一致的方式解釋新的產品訊息。每個消費者每年都會遇到幾千種新產品，如果消費者只能逐個去編碼或解釋遇到的新產品訊息，那他的大腦就什麼事也做不成。因此，消費者對新訊息的學習和掌握常常要依賴於這些訊息與他大腦中已經組織起來的產品分類範疇之間的相似程度。

◆捲入理論

　　解釋消費者學習的捲入理論是從大腦半球單側化理論發展而來的。腦半球單側化理論認為，人的大腦左右半球在所加工的資訊種類上存在著「特化」現象。左半球主要負責諸如閱讀、言語和歸因訊息加工等認知活動，而右半球則主要負責非

言語的、圖形的和整合的訊息加工活動。換句話說，大腦左半球被認爲是理性的、活躍的、現實的，而右半球則是情緒的、衝動的和直覺的。基於這種腦半球單側化理論，市場營銷心理學中逐漸發展出了下述消費者捲入理論：高－低捲入媒體理論、高－低捲入消費者及其產品購買理論、高－低捲入情景說服方法理論。

早期的高－低捲入媒體理論認爲，由於消費者的大腦右半球消極被動地對非言語的圖像資訊進行加工和儲存，也即沒有積極的捲入。而電視本身又是一個圖像媒體，看電視就被看作是主要由右半球所進行的消極被動的整體表象加工活動，所以電視媒體實質上就是一種低捲入媒體。根據這一理論，只要在電視上重複播放產品廣告資訊，消費者就一定會產生消極的學習，而且消費者的消費行爲變化（購買產品）總是先於其對產品的態度的變化。高－低捲入媒體理論還認爲，由於大腦左半球負責加工的是產品的認知資訊，而且產生了積極的捲入，因此印刷媒體（如報紙和雜誌）就被認爲是高捲入的媒體，其對廣告訊息的加工過程是按照訊息加工的典型的認知順序模式進行的（參見表2-3）。然而，近來的研究表明，儘管大腦兩半球存在著特化現象，但左右兩半球都有可能同時從事高的或低的捲入加工：大腦左半球可進行高的或低的認知加工，而右半球則可從事高的或低的情感加工。例如，當消費者看到高度情緒化的廣告內容時，他們往往會進行高捲入的情感加工；而當消費者看到單純的印刷體廣告時，他們對其也會進行低捲入的認知加工。這說明大腦兩半球對訊息的加工是同步進行的，儘管可能會存在捲入水準的差異。表2-4列出了大腦左、右兩半球訊息加工捲入策略之間的關係。

表2-3　訊息加工的認知模式

三成分模式	促銷模式	購買決策模式	新產品採用模式	新產品決策過程
認知的	注意	覺察 了解	覺察	了解
情緒的	興趣 欲望	評價	引起興趣 評價	說服
意向的	行動	購買 購後評價	嘗試 採用	決策 證實或認可

表2-4　大腦左右兩半球捲入類型與分工

捲入類型	造成或符合捲入類型的條件	被加工刺激特性	心理活動的程度	心理活動的性質	左右半球的相對分工
高—認知的	產品的語言展示很重要(廣告包含著大量的相關資訊)	各不相同的產品特徵資訊(相對客觀的資訊)	高	商標信念形成	左：強烈的 右：中等的
高—情感的	產品的表象程度很重要(廣告表現了情緒的或想像的情景)	產品的符號性質和想像程度(廣告中具有情緒意味和想像力)	高	豐富想像力；感覺的和整體的編碼	左：中等的 右：強烈的
低捲入(低認知的和低情感的)	語言展示和表象程度都不重要(廣告既沒有表現強烈的情緒情景也沒有提供很多的產品外形資訊)	最容易接近的產品外形(廣告僅僅表現了一種模糊的情感印象和膚淺的表象)	低	膚淺的和零星的信念形成，以及表面水準的一般表象	左：邊緣的 右：邊緣的

　　高一低捲入消費者及其產品購買理論認為，消費者在購買產品時由於這些產品具有不同的個人關聯度而表現為高度捲入購買或者低度捲入購買類型。高度捲入購買是指那些對消費者來說顯得相當重要的購買行為（即存在較大的購買風險），購買的這類產品與消費者有很大的關聯度，並且將激起廣泛的訊息加工和問題解決。例如，購買汽車就是一種高度捲入的購買行為，因為對普通的消費者來說這一購買行為將存在較大的購買經濟風險。處於這種購買情景中的消費者一般將會非常仔細地評價產品及其購買行為的各個方面，因此，營銷人員所提供的產品資訊及其說服依據的性質，將直接影響消費者的決策結果。低度捲入購買是指那些對消費者不太重要的、關聯度很小、購買風險幾乎不存在的購買行為，這種購買所激起的訊息加工也非常有限。例如，日常生活用品的購買就是一種低度捲入購買，因為消費者經常在購買這類不太重要的產品，而且這類購買幾乎不存在任何可覺察的風險。處於這種購買情景中的消費者一般採用非常簡單的選擇規則，做出迅速的和不費吹灰之力的購買決策。此外，高一低捲入消費者及其產品購買理論還認為，高度捲入的消費者所發現的可接受的新品牌較少，他們很可能將會按照與其以前獲得的產品經驗相一致的方式來解釋這些品牌，具有一定的品牌忠誠。與此相反，低度捲入或者不捲入的消費者很可能會大量地接受與其購買有關的產品資訊，並且願意考慮更多的品牌。這類消費者可能缺乏品牌忠誠，喜歡在各種不同的品牌之間進行轉換。

2.3.3　品牌忠誠與品牌資產值

　　市場營銷心理學家之所以對消費者的學習過程感興趣，其主要目的就在於透過了解消費者學習規律進而達到鼓勵消費者對其品牌產生忠誠。消費者的品牌忠誠為企業提供了穩定而且不斷增長的市場占有率，因此對品牌忠誠的消費者人數就成為企業的一種主要的無形資產。有研究表明，具有較大市場占有率的品牌一般都擁有一批數量龐大的忠誠的購買者。然而，品牌忠誠到底是以消費者的購買行為來衡量還是以消費者對品牌的態度來衡量，這對市場營銷心理學家來說仍然是一個從來就有爭議的問題。如果用消費者的行為（購買頻率或者整個購買所占的比例）來衡量的話，營銷學家將無法區分真正的品牌忠誠（確實對那種品牌有著強烈的忠誠）與虛假的品牌忠誠（商店裡只有那種品牌是可以買到的），因而這種衡量方法實質上缺乏準確性。鑑於上述考慮，市場營銷心理學家一般用消費者態度而不是購買的一致性來衡量品牌忠誠。

　　市場營銷心理學家發現，可以用三種不同的方法來測量品牌忠誠：某個品牌的市場占有率、在六個月裡購買同一品牌的數量、每個消費者購買各種品牌的平均數量。一系列研究結果表明，消費者的品牌購買行為與其可接受的品牌數量大小之間成反比關係。在某個產品範圍中，如果消費者可接受的品牌數量越多，那麼消費者對某種品牌的忠誠購買行為可能就越少，與此相反，如果某種產品的競爭者越少，那麼消費者對其不僅具有較大的購買頻率，而且很可能也具有較大的品牌忠誠。當然，不同的產品具有不同的品牌忠誠行為。一般來說，食品類

產品和日常生活用品的品牌忠誠度最高，大約有超過80％的品牌忠誠的使用者；而非食品類產品的品牌忠誠度則相對少一些。

（一）品牌忠誠的形成

持操作條件反射觀點的學者認為，品牌忠誠來自於消費者最初使用該產品時所獲得的滿足和積極強化，從而導致了對相應產品的重複購買；而認知學派的營銷學家則認為，消費者的品牌忠誠來自於廣泛的訊息加工過程和產品品質比較，從而導致了強烈的品牌偏好和重複購買行為。有些研究發現，品牌忠誠的消費者與非品牌忠誠的消費者之間並沒有人口統計學上的顯著差異存在。但也有許多研究發現，品牌忠誠的消費者的年齡更大一些，收入更多一些，知覺風險更強一些。

市場營銷人員不僅對品牌忠誠是「如何」形成的這一過程感興趣，而且對它是「什麼」時候形成的也非常感興趣。許多研究表明，大量的品牌忠誠形成得非常早，甚至可以追溯到早期的家庭生活。有研究表明，許多父母喜歡給兒童購買他們小時候喜歡的或者他們記憶最深刻的兒童玩具。這種懷舊心理現在已成為兒童玩具市場的一種重要的廣告訴求方法。

許多市場營銷人員非常希望知道為什麼越來越多的消費者會出現品牌轉換現象。人們已經知道這種品牌忠誠的衰退現象可能是由下列原因引起的：消費者對某種產品產生了厭倦心理或者不滿足其品質、市場上持續不斷地出現令人頭昏目眩的新產品、以犧牲品牌忠誠為代價不斷追求適宜的價格、各種促銷手段的相互競爭等。

(二) 品牌資產值

　　品牌資產值指著名品牌本身所固有的有形或無形的價值。這裡的著名品牌一般指營業額很大的品牌。這類企業的名字已經成為一種「文化符號」，使得企業在市場競爭中享有很大的優勢。品牌資產值將直接影響企業新產品的推廣和接受，影響經銷商對有利貨架的分配，甚至直接影響消費者對產品的價值判斷和可接受的價格選擇。換句話說，品牌資產值將直接導致品牌忠誠，增加市場占有率並創造巨大的經濟效益。基於這種考慮，現代企業都很重視仔細培育自己的品牌聲望。

本章摘要

◆ 市場營銷的任務就是刺激消費需求，從而幫助消費者滿足自己的需要。

◆ 馬斯洛需要層次理論是進行產品的心理細分的理論基礎。

◆ 消費者的人格特徵的差異會影響消費行為。

◆ 研究並了解消費者學習過程的規律，可以培養消費者對品牌的忠誠感。

思考與探索

1.試舉例說明，如何運用馬斯洛的需要層次理論來進行新產品開發前的市場定位？

2.如何運用消費者購買動機理論進行有效的營銷？

3.有差異的消費者人格影響消費行為，體現在哪些方面？

第3章
市場營銷中的社會文化與消費心理

　　人的一切消費行為都受到人所創造的社會文化的極大影響。換句話說，人們購買什麼樣的產品、滿足什麼樣的需要、如何滿足等都受到人們創造的物質文化、精神文化和制度文化的制約和調節。本章在探討社會文化的基本概念的基礎上，重點討論社會文化在影響消費者行為方面所起的作用及其內在機制，並且說明市場營銷人員如何運用這類知識去形成和修訂自己的市場營銷策略。

3.1　文化的概念與特徵

3.1.1　什麼是文化？

　　文化人類學家告訴我們，文化具有廣泛的和無所不包的性質。因此對它的研究一般要求必須具有一種全球性視野（整合觀念），即要全面審視整個社會的特徵。換句話說，研究社會文化必須全面審視諸如語言、知識、法律、宗教、哲學、道德、歷史傳統、飲食習慣和社會風俗、音樂、藝術、工藝、工作模式、產品以及其他的人工製品等等。上述這些因素構成了一個社會的價值標準和行為規範體系，給社會賦予了其特殊的型態並制約著該社會成員的行為。在某種意義上說，文化就是一個社會的人格。正因為這樣，界定文化的邊界並不是一件很容易的事。但因為我們的目標是理解文化對消費者行為所產生的影響，所以我們把文化界定為用來指導一個特定社會的所有成員的消費行為所習得的信念、價值和習慣的綜合。

　　這一定義中的信念和價值成分主要指個體對客觀事物和財物所持有的世代相傳的情感和主導優勢。更確切地說，信念是由大量的心理的或言語的陳述（例如，「我相信……」）構成的，它反映了一個人對某些事物（另一個人、一家商店、一種產品、一種品牌）的特定的知識和評價。價值也是一種信念，但價值又不同於一般的信念。價值必須具有下列特徵：(1)它們在數量上是相對較少的；(2)它們指導著文化上適宜的行為；(3)它們是持久的或者是很難改變的；(4)它們與某些具體的物體或者情景是沒有關係的；(5)它們是被該社會的成員所廣泛接受和承認的。

　　因此，從更廣泛的意義上講，價值和信念這兩者都是一些模塑該社會全體成員具有共同行為特徵和思維模式的「意象」。這些意象對大量特定的社會態度都會產生影響，而這反過來又會影響一個人在特定情景中可能的反應方式。例如，一個人在一個產品範疇（product category）中用來評價兩種可供選擇的品牌（例如，佳能照相機對美樂達照相機）的標準，或者他或她關於這些品牌的最終購買決策既會受到他的一般價值的影響（例如，關於產品品質、工藝、造型、設計和美學的觀念），也會受到他的某些特殊信念的影響（例如，關於照相機的品質、工藝、造型、設計和美學的特殊觀念）。

　　與信念和價值觀相反，習慣是一種公開的行為模式，它構成了在特定情景中文化上贊成的或者接受的行為方式。習慣是由日常的或者常規的行為構成的。例如，消費者在咖啡中加上糖和奶精，或者在某個宗教儀式之後帶著全家出去吃晚餐等，都是習慣。因此，信念和價值觀是行為的指南，而習慣則是日常的和已被人們接受的行為方式。

我們的定義清楚地表明，每個社會都有與其相適應的文化模式，並隨著社會物質生產的發展而不斷發展變化。社會文化使得在同一民族文化傳統下生活的不同社會成員之間無論是其行為還是個性都表現出很大的相似性。就其消費行為而言，每個社會都有其特定的和相似的消費行為模式。因此，對一個社會的各種文化現象的理解和把握確實有助於市場營銷人員預測消費者對其產品的接受程度。

3.1.2　文化的特徵

許多文化人類學家認為，文化具有下列六個基本特徵：

(一) 文化是看不見的手

文化的影響力是那麼地自然和潛意識，以至於它對行為的影響常常被包括當事人在內的所有成員看作是理所當然的事。例如，當市場營銷研究人員詢問消費者他們為什麼要做某些事情時，他們通常會回答，「因為這樣做是完全正確的」。這種表面上看起來有點膚淺的回答，部分地反應了文化對人的行為所施加的那種根深柢固的影響。只有當我們被暴露在另一個有不同文化價值觀或者習慣的人們面前時（例如，當我們去訪問另一個不同的地區或者國家時），我們才會意識到自己所特有的這種文化已經塑造了我們自己的行為。因此，如果要想對文化對我們的日常生活所施加的那種影響做出確切的評價，這就需要我們必須具備一些最基本的跨文化知識，至少是必須具備有著不同文化特徵的另外一個社會的有關知識。例如，要想理解用自己喜愛的牙刷每天刷兩次牙這一事實是一種文化現象，這就

需要具備一些有關其他社會的成員要麼根本不刷牙、要麼是用另一種與我們完全不同的方式刷牙的知識。

（二）文化具有民族性

文化與民族具有不可分割性，一定的文化總是一定的民族的文化。每個民族都有自己的文化，而且是在民族的繁衍和發展中逐漸形成的。諸如民族的文字、語言、思維方式、生活方式、風俗習慣、宗教信仰和價值觀念等都是民族文化的有機構成部分，它們對該民族的成員的一切行為都具有很大的影響，給所屬成員的行為打上了特定的「烙印」。有人曾經講過一個有趣的故事，形象地說明了民族文化之間所存在的差異：一家旅館著火了，裡面住的美國人、英國人、中國人和日本人紛紛想法逃命。火勢一起，美國人立刻打開窗戶往外跳，英國人則順著樓梯往下跑，日本人忙著招呼同伴，而中國人則先去救他的父母。這一故事生動地說明了民族與其文化之間的關聯：美國人務實、注重自我，英國人重視經驗、保持傳統、較保守，日本人重視「人群」關係，中國人看重血緣家族關係、講究孝道。文化與民族之間的這種天然聯繫將直接導致各國人們消費行為和消費觀念上存在著某些根深柢固的差異。換句話說，在美國暢銷的產品很可能在中國或其他國家滯銷，在西方國家暢行無阻的營銷方法和策略在東方國家很可能根本行不通。因此，市場營銷人員要時刻注意文化、民族及其與產品之間的關係，切忌做出與民族文化傳統相矛盾的事。

（三）文化是習得的產物

文化人類學的研究表明，與遺傳的生物特徵（例如，性

別、膚色、頭髮顏色、智力）不同，文化是後天習得的。從我們很小的時候起，我們就開始從自己周圍的社會環境中學會了一整套的信念、價值觀和習慣，這些東西構成了我們的文化。

◆文化是如何習得的

人類學家們認為，文化習得有三種不同的形式：(1)正式學習，在這種學習方式中，成人和老年人教年輕的家庭成員學習「如何去行動」；(2)非正式學習，在這種學習方式中，兒童主要是透過模仿某些被選擇對象，如家庭、朋友、電視英雄的行為而進行學習；(3)專門學習，在這種學習方式中，教師在專門的教學環境中教導兒童什麼事應該做、怎樣去做以及為什麼要去做。

母親告訴一位年輕的姑娘不要去爬樹，理由是「姑娘家不應該去做那種事」。這位姑娘實質上正在正式地學習她母親認為是正確的價值觀。如果她觀看她母親在準備食物，那麼她就是用非正式的方式學習某些烹調習慣。如果她上芭蕾舞課，那麼她實質上正在經歷專門學習。

儘管商業廣告對消費者的上述三種學習方式都會產生一定的影響，但大部分廣告還是以資訊的不斷重複來強化和創造某種價值觀，並以非正式學習的方式給消費者提供了模仿的情境。

◆孺化與傳播

文化人類學家認為，本民族文化的學習與他民族文化的學習之間存在著很大的差異。本民族文化的學習一般被稱之為孺化，他民族文化或外來民族文化的學習被稱之為傳播。對現代市場營銷人員來說，文化傳播的概念具有極其重要的意義。這主要是因為，隨著經濟全球化和市場一體化趨勢越來越強烈，企業急需要到海外或者多民族文化市場去拓展市場。在這種情

況下，取得成功的關鍵是深入了解潛在目標市場的文化特徵，並確定自己的產品是否符合目標市場的價值觀和消費習慣，以採取相應的營銷策略來說服消費者購買。

（四）文化具有共享性

所謂的文化特徵、信念和價值觀等都不是某個社會成員所獨有的，它們是一個社會的大多數成員所共有的。因此，文化通常被看作是把所屬社會成員聯繫在一起的團體習俗，其中共同的語言符號是人們能夠享有共同價值觀、經驗和習俗的關鍵因素。

在一個社會內部傳遞文化價值、培育共有信念的社會分支機構主要有如下四種類型：家庭（孺化的最主要單位，給社會的新成員傳遞基本的文化價值和習慣，是消費者社會化的核心單位）、教育機構、工作單位和大眾媒體。廣告是大眾媒體的一種重要組成部分，它不僅以經濟合理的成本傳遞產品的有關資訊和觀念，而且也傳遞許許多多的文化價值和習俗。有個著名的歷史學家曾經說過：「廣告就其社會影響廣度而言，它可以跟學校和教堂這類常設機構相媲美。」許多著名的專業雜誌上刊登著各類廣告，教導人們如何打扮、如何裝修房屋、用什麼樣的食品招待客人等。一言以蔽之，廣告教人們用最適合於所屬社會階層的行為模式來生活、工作和學習。因此，市場營銷人員應該充分認識到現代廣告在傳輸和塑造消費文化觀念中的重要作用。

（五）文化是一種動力機制

文化是發展的，它一直在進行著持續不斷的演進。對於市

場營銷人員來說，這意味著必須時刻留意和監視社會文化環境及其一切變化，以便更有效地去營銷現有的產品或者設計出適銷對路的新產品來。當然，這一任務並非是輕而易舉就可以完成的。事實上，有相當多的因素都有可能導致一個社會的文化發生變化。諸如新技術、經濟發展、資源短缺、戰爭和人口變化等因素都是導致文化變化的主要因素。例如，女性經濟上的獨立、職業活動範圍的多樣化、傳統家庭角色模式的明顯解體，以及傳統的男女性別角色模式日趨模糊和交叉，類似的這些變化給市場營銷人員提出了一系列新問題，也產生了無數的新的營銷機會。許多原來是男性專有商品領域，如啤酒和雪茄等商品現在也已被女性消費者所涉足。因此，對於市場營銷人員來說，密切關注文化變化所產生的下列問題並採取積極的營銷策略，將會創造出無數的盈利機會：到底「誰」是現有產品的真正購買者或使用者（是男性還是女性，或者是男女雙方）？他們將會到「什麼地方」、透過「什麼途徑」去購買？他們是透過「什麼媒體」或者「什麼樣的廣告」得到產品資訊的？他們還將需要「什麼樣的新產品或服務」？

（六）文化滿足了人們生存和發展的需要

文化存在的根本目的就是為了滿足一個社會內部人們生存和發展的需要。在人類解決問題的所有階段，文化透過提供滿足人的生理的、個人的和社會的需要所借助的「嘗試錯誤」法，給人們提供了命令、指導和規則。例如，文化提供了關於什麼時候吃東西，到那裡去吃，吃什麼樣的早餐、中餐、晚餐及速食的合適的標準和「規則」，也為晚宴、野餐或者婚禮上的顧客規定了相應的行為標準。例如，在美國消費者能夠從他們

喜愛的某種品牌的咖啡中感受到咖啡因所具有的那種早晨的
「提神感」，而中國消費者則從他們喜愛的茶水本身中體驗到了
這種「震撼」。同樣，大多數美國人並不把蘇打水看作是一種合
適的早餐飲料，而大多數中國人也不把可樂當作合適的早餐飲
料。因此，對於非酒精飲料公司來說，要想展開有效的市場營
銷並擴大自己產品的市場占有額，真正的挑戰是如何克服文化
障礙，而不是去和文化進行競爭。事實上，據統計，在美國市
場上，咖啡占整個早餐飲料市場的47％，接下來是果汁占21
％，牛奶占17％，茶占7％，而非酒精飲料僅占4％而已。

　　從理論上講，只要我們的文化信念、價值觀和習慣還能有
助於滿足所屬成員的需要，它們就將繼續發揮作用。然而，只
要某個特定的標準不再滿足該社會的成員，它就會或遲或早被
修訂或者被新的文化信念價值和習慣所代替，以保證社會行為
標準持續不斷地符合人的現行需要和要求。因此，文化是漸進
的但又是持續不斷地進行著演化以滿足社會的各種需要。

　　在某個具體的文化背景中，一個公司的產品和服務，實質
上就是一種滿足個體的或者社會的需要的可供選擇的方法，或
者說為需要的滿足提供了合適的或者可被人們接受的解決方
案。假如一種產品不再為人們所接受，很可能是因為與該產品
用途有關的價值觀或者習慣不再完全適合消費者的需要的滿
足。如果現實果然如此，在這種情況下，生產該產品的公司必
須準備去修訂自己的產品供給策略，市場營銷人員也必須調整
自己的行為以適應新的習慣和價值觀。例如，當越來越多的人
已經意識到身體健康的重要性時，希望在大街上和馬路上散
步、活動身體和跑步的人數就會越來越多。精明的鞋襪製造商
就會對此做出反應，他們會不斷提供各種各樣的合適的鞋襪，

也只有這樣他們才能不斷地擴大產品的市場占有率。相反，如果市場營銷人員不能足夠敏感地注意到這種由價值觀和生活風格的變化所導致的營銷機會，那麼，他們將會喪失市場占有率，在某種情況下，很可能還會被擠出市場。

3.2　中國人的核心價值觀

一個社會的核心價值觀將從根本上直接影響和制約所屬成員的消費行為及其他一切行為。因此，市場營銷人員對此應該有充分的了解。那麼，到底什麼是中國人的核心價值觀？所謂中國人的核心價值觀就是影響和反映中國社會根本特徵的那些中國人所特有的一系列根本的價值觀。事實上，要想完整地、準確地描述中國人的核心價值觀，是一個很難完成的任務。其中的困難主要有下列三點：第一，中國是一個多元化的社會。中國文化內部存在著一系列的次文化差異，如民族、宗教、地區等。這些次文化因素各以其特有的方式對社會的基本價值觀施加這樣那樣的影響，使中國社會的核心價值觀表現出許多變異性。第二，現代中國社會是一個處於劇烈變動中的社會。這種動態變化使我們很難有效地監控文化價值本身及其變化。第三，中國社會中也存在一些相互矛盾的價值觀，即存在著多元價值觀。一方面中國社會在傳統上是一個強調遵從傳統、力求與大部分人保持一致、在衣著和行為等方面喜歡追逐時尚的社會，另一方面年輕的中國人同時又顯示出對個人主義和反抗權威行為的較大崇拜。表現在消費行為方面，中國人常常會體驗到來自家庭、朋友和其他重要社會團體成員的強大的遵從壓

力，但年輕的中國人也喜歡豐富、多樣化的可供選擇的產品，喜歡那些能夠表現自己獨特個性和生活風格的產品。這些表面上相互矛盾的價值觀正好說明，現代中國社會是一個處於轉型時期的複合型社會。

在此我們有必要說明的一點是，我們用來確定是否是中國人核心價值觀的標準主要有三個：一是核心價值觀必須具有普遍性和共享性，至少大部分中國人必須認可和接受這些價值觀，並以此為自己的行動指南。二是核心價值觀必須具有持久性，對中國人的行為模式已經產生了相當長時期的影響。三是核心價值觀必須是與消費行為有關的，以幫助我們深入洞察中國人的消費行為規律。實質上，滿足上述標準的基本價值觀有許多，但我們在這裡只簡要介紹最核心的幾種價值觀。

3.2.1　中庸

大理學家朱熹認為，中庸就是「不偏之謂中，不易之謂庸」。通俗地說，中庸的主要涵義是：事物的發展過程都有一定的標準（常規），超過或未能達到這個標準（常規）都不利於事物本身的發展，最理想的結局就是遵守這一標準（常規），不偏不倚。中庸是中國人的一個重要的價值觀，幾千年來一直深刻地制約著我們的思想和行為。凡事講究「度」，反對超越「常規」的思想和行為，反對根本性的變革，強調持續和穩定。這種價值觀反映在消費行為中，就是強調與他人看齊，強調與社會保持一致的重要性（消費中的集體主義取向）；反對超前消費，反對消費中的標新立異（求同、重傳統）；物品能用則用，實在不能用了才去買新產品（精打細算、節儉）。

3.2.2　重人倫

　　中國文化以重人倫為其特色，而西方文化則以重自由為其主要特色。核心價值觀上的這一差異直接導致了中西文化在許多方面出現了不同。中國文化由此強調人與群體之間的關係，強調血緣家族關係和以血緣為基礎衍生出來的人際關係；而西方文化則強調人與自然之間的關係，強調個人獲取自由。反映在消費行為中，中國人非常重視以家庭為主的消費準則，強調消費者個人對其他家庭成員的義務和責任。在產品資訊傳遞和溝通方面，中國人更相信口傳資訊而不是正式的資訊溝通管道（如廣告）。

3.2.3　面子主義

　　中國文化的一大特色是人際交往中講究自己的「形象」和在他人心目中的地位，重視「臉面」。近年來的社會心理學研究表明，「臉面」是一個多義的複合概念，它主要有兩個小概念構成：「臉」和「面子」。所謂的「臉」是指社會對個人的道德品質所具有的信心，以及由此而給個人所帶來的名聲。近百年來的研究文獻表明，與其他民族相比較而言，中國人尤其特別注意透過印象整飾和角色扮演力圖在他人心目中形成一個好的形象，獲得一個眾口讚譽的好名聲。所謂的「面子」是指個人在社會生活中借助勤奮努力和刻意經營而在他人心目中形成的聲望和社會地位。所以，中國人特別注重給別人、給自己留「面子」、給「面子」。中國人的這種「臉面」情結或者說「面子

主義」的形成與中國傳統文化對「禮」的強調有著極為密切的
關係。反映在消費行為中，中國消費者過於看重「體面的」消
費，過於看重與自己的身分地位相一致、與周圍的他人相一致
的求同消費和人情消費，在許多時候出現了「死要面子活受罪」
的不良消費行為。

3.2.4　重義輕利

　　注重情義和精神價值，輕視物質利益，強調人與人之間的
感情和道義，是中國文化的一大特色，同時也是中西文化之間
的主要差異之一。中國文化的這種重義輕利傳統，主要表現在
三個方面：一是在人際交往和正常的工作關係中過於重視超越
規則的感情交流，忽視「遊戲規則」或者「正式規範」對雙方
行為的制約作用，其結果導致非正式的人情關係干預或影響正
式的組織行為。二是所追求的理想或者終極目標是「價值理
性」，忽視對「工具理性」的重視。三是在人際交往中熱衷於互
相餽贈各種禮品甚至金錢，以強化相互的關係。重義輕利在消
費行為中的表現，就是人情消費盛行，在婚喪嫁娶中相互攀
比，搞排場；購買產品時重視產品的美學價值和情感特徵，忽
視對產品進行認真細致的、科學理性的分析。

3.2.5　注重人緣

　　「人緣」在中國人為人處世的過程中發揮著很重要的調節心
理平衡的作用，也是中國人衡量自己或他人的人際關係好壞的
一個重要尺度。它在維護中國人群體內部的人際關係的和諧方

面發揮了重要作用。一切皆是「緣」：彼此間親如兄弟是一種緣，萍水相逢也是一種緣；夫妻反目是一種緣，相愛相守也是一種緣……總之一切都是「緣分」。那麼到底什麼是「緣」？社會心理學家楊國樞教授認為，「緣是中國人心目中的一種命定的或前定的人際關係。」就其實質而言，「緣」是一種用宿命論觀點解釋人際關係的典型方式。換句話說，中國人用宿命論的觀念解釋自己生活中的一切現象，將自己的一切遭遇以及與他人的人際關係都自然而然地看成是一種無可奈何的、前世已經定好的東西。反映在消費行為中，中國人表現出一種易滿足、節制欲望的消費傾向。

3.3　中國人的消費行為特點

因為中國文化具有上述幾種核心價值觀，這使得中國人形成了一些特有的消費動機、購買方式和購買決策標準。科學地分析我國當前社會文化背景下的消費行為特點，對企業的產品定向、新產品設計和開發都具有重要的現實意義。

3.3.1　樸素的民風和「節欲」的消費觀念

幾千年來，中國人民一直崇尚勤儉持家的消費觀念，反對任何形式的揮霍浪費和超前消費。換句話說，我國傳統文化崇尚節儉，以節制個人欲望為美德。反映在消費領域就是，花錢較為慎重，不尚奢華，重視計畫和積累，主張生活開支要「精打細算，細水長流」，以做到「年年有餘」；用於購置生活必需

品方面較多，而用於享受方面的奢侈品較少；崇尚實惠、耐用的消費觀念。我國民間流傳著這樣的說法，「吃不窮，穿不窮，計畫不到一世窮。」它典型地反映了我國人民節儉的和壓抑的消費觀念（把生活中的主要消費內容等同於「吃和穿」）。這種自我壓抑的消費特徵尤為明顯地表現在我國中老年人身上。總而言之，大多數中國消費者的購買行為較為理智、計畫性強，較少衝動和冒險。

3.3.2　重人情和求同的消費動機

中國人特別重視人與人之間的感情聯繫，強調良好的人際關係。反映在消費行為中就是，以社會上大多數人的一般消費觀念來規範自己的消費行為，注重消費行為的社會效應，不太願意自己的消費行為「鶴立雞群」，或者說與眾不同、格格不入。消費行為具有明顯的「社會取向」或者是「他人取向」特點。重人情和求同的消費特點尤其明顯地表現在如下三個方面：一是中國人的婚喪嫁娶方面的消費互相攀比、送禮成風；二是一定的社會階層或者社會團體的消費行為具有一定的模式，成員之間在消費需求、購買動機、決策方式等方面都具有很大的相似性；三是在商品資訊的尋求過程中不太注意廣告宣傳而相信來自親友和同事的介紹或者口傳資訊。這一系列特點與西方文化背景中的消費行為具有極其顯著的差異。例如，美國消費者強調的是個人的權利、價值和需要，不太願意考慮社會上他人會怎樣看待自己的消費行為，是一種典型的「自我取向」人格。求異、重個性化、力求多樣化是美國市場的一大特點。因此，企業在進行市場營銷時必須要注意到文化背景的這

種差異：在中國市場上大眾化的產品設計比較受歡迎，而美國市場上則是個性化的產品設計比較符合人們的消費偏好。

當然，近年我國人民的消費觀念及消費行爲也發生了相當的變化，在消費求同的大背景下，已經在年輕人身上出現了明顯的標新立異和個性化的消費趨勢。對此，市場營銷人員必須給予足夠的重視。

3.3.3 含蓄的民族性格和審美情趣

由於民族文化傳統和風俗習慣上存在著很大的差異，東西方各個民族之間在民族性格和消費審美情趣方面也存在著明顯的不同。一般來說，西方民族表現得較爲外向和奔放，而中國人則比較內向和含蓄。民族性格上的這種差異直接導致了不同的審美情趣。中國人欣賞的是含蓄、柔和、淡雅、內斂、樸素而莊重、和諧的美，而西方人則崇尚張揚的、外露的、色彩豔麗的美。消費審美情趣上的這種差異最明顯的表現在三個方面：一是服裝上中國人喜歡淡雅樸素的各式服裝，而西方人則喜歡袒露的、能夠展示人體美的豔麗服裝；二是建築上中國建築強調和諧與含蓄，西方建築則注重衝突與明快的節奏；三是產品包裝上中國的產品包裝重在保護產品，其次才是外包裝的宣傳和美化作用，西方的產品包裝則強調充分展示產品的屬性，重在美化和廣告宣傳。

3.3.4 以家庭爲主的購買準則

由於受傳統文化的影響，中國人的家庭往往就是一個消費

單位。在中國，個人的消費行為往往不是單純的、孤立的，而是與整個家庭的行為活動息息相關。因此，在以中國人為主的消費市場上，個體的消費行為不僅要考慮自身的需要，而且要顧及整個家庭的消費需求。據研究，中國人的消費準則是重視自己的消費義務和責任，而西方社會則比較重視個人的權利。

3.3.5 重直覺判斷的消費決策

與西方消費者購物時習慣於先進行細致的分析相比較，中國人則常用大體的和直覺的判斷方法。也就是說，中國人購物時常常先對相關產品獲得一個總體印象，然後再從其總體性能上尋找相應的依據，看這個印象是否正確，很少對產品進行細致的或者理智的分析；西方人則常常先細致地、逐一地分析產品的各項功能的好壞，然後對這些功能進行綜合的分析以得出總體的印象。換句話說，中國消費者購物時採用的是模糊思維和綜合思維，而西方消費者則採用精確分析法。深入了解東西方消費者購買決策時的思維方式上的這種差異，將有助於市場營銷人員開展科學的市場營銷工作。例如，中國消費者的這種產品評價方式就直接決定了品牌效應在中國市場上將具有重要的意義，因此銷售名牌產品或者透過市場營銷創造名牌產品將贏得中國消費者的極大青睞，企業由此將獲得無限生機。

3.4 參考群體與消費行為

所謂的參考群體就是指對個人的行為、態度、價值觀等有

直接影響的榜樣群體。雖然個體並不是該群體的實際成員，但由於該群體具有較高的地位、較大的社會影響力或者較強的團體凝聚力，這種群體的行為標準、目標和規範往往是其他群體成員效仿的榜樣和崇拜的偶像。從市場營銷的觀點來看，參考群體就是直接影響和制約消費者的購買決策或消費行為的參照系。這一基本概念對於市場營銷活動具有極其重要的作用，因為對於消費者來說，參考群體既不限制群體規模或者成員資格，也不要求消費者必須參加某種實際團體。因此，任何能夠吸引或者引起消費者崇拜的群體都是市場營銷人員關注的對象。

在此需要指出的是，「參考群體」的概念並不僅僅局限於那種與個體發生面對面直接接觸的他人或群體，而且也包括那些與個體並沒有發生面對面的直接接觸的、但對消費者行為卻有著不可估量影響的他人或群體。因此，「參考群體」的範圍極其廣泛。如果要完整地列出對消費者行為有重要影響的所有主要參考群體，那是不現實的。大致說來，按這種影響的大小程度來排列，則依次是：家庭、朋友、社會階層、各種次文化、自己的母文化、其他文化。

當然，我們可以對參考群體進行一定的分類。根據消費者與參考群體之間的關係程度（如捲入程度，或者成員關係水準），同時考慮到這些參考群體對消費者的行為、價值觀和態度的影響水準（積極的影響還是消極的影響），我們可以把參考群體劃分為如下四種類型：接受群體、嚮往群體、拒絕群體和逃避群體。所謂的接受群體，就是消費者與該群體之間具有定期的面對面的接觸，或者消費者與該群體之間具有成員關係，而且消費者也同意該群體的價值觀和行為標準。因此，這種接受

群體對消費者的行為和態度一般具有前後一致的影響。所謂的嚮往群體，就是消費者雖然實際上並不在該群體中具有成員關係，而且也沒有面對面的接觸，但他仍然希望自己成為該群體的一員。這種群體對消費者的行為和態度一般具有積極的影響。所謂的拒絕群體，就是消費者雖然屬於某個群體或者與該群體具有面對面的接觸，但消費者並不同意該群體的價值觀和行為標準，而且消費者往往採用與該群體相反的態度和行為進行活動。所謂的逃避群體，就是消費者與某群體之間既沒有成員關係，也沒有面對面的直接接觸，同時消費者也不同意該群體的行為標準和價值觀。消費者所信奉的行為標準和所持的價值觀往往與這種群體是完全相反的。表3-1列出了消費者的參考群體的類型。

　　參考群體對消費者的影響力在很大程度上直接取決於消費者本人的特性、產品的屬性，以及其他一些社會因素。下面我們簡要地予以介紹。第一，在制約參考群體影響力的所有因素中，消費者所具有的產品資訊和經驗將是一個首要因素。消費者本人如果具有產品或服務的親身經歷，或者如果能夠容易地獲得相關的產品或服務的全部資訊，那麼消費者購物時幾乎不可能受其他人或者群體的影響。與此相反，消費者將去主動尋求參考群體的支援。第二，參考群體本身所具有的可靠性、吸引力和實力也是影響消費者的消費行為的一個重要因素。如果消費者急於想獲得某種產品的有關資訊，而參考群體的信譽和

表3-1　消費者參考群體的類型

	成員關係群體	非成員關係群體
積極影響	接觸群體	嚮往群體
消極影響	拒絕群體	逃避群體

實力也是值得信賴的，那麼消費者將會接受該群體的勸告和建議。如果消費者很想被自己嚮往的、將給自己帶來某些好處的群體所接受或認可，那麼他就會主動採用該群體所使用的產品或服務，同時在其他行為方面盡力與該群體保持一致。第三，產品所具有的顯著性特點也會對參考群體所起的作用產生影響。一般來說，產品如果在視覺上具有顯著性特點（因為形狀或色彩等使產品容易被他人注意到），或者言語上具有顯著性特點（口頭上容易進行生動有趣的描述），那麼由消費者信賴或嚮往的參考群體推薦這種產品將會對消費者的購買決策產生較大的影響。

但是在實際的市場營銷活動中，營銷人員到底如何才能富有成效地使用這種「參考群體」知識進行廣告宣傳活動，以謀求更大的市場占有率呢？據統計，近二十年來，成功的企業常常使用下列八種參考群體訴求方法進行廣告促銷宣傳：一是使用名人訴求法（如電影明星、體壇冠軍等宣傳某種產品），二是使用專家訴求法（如醫學專家宣傳藥品），三是使用一般民眾訴求法（如使用過某電器且對使用過程很滿意的一般民眾宣傳該產品），四是使用經理訴求法（如事業成功的公司經理作為發言人宣傳自己的產品），五是使用零售商訴求法（如受人尊敬、素有信譽的零售商宣傳某種產品），六是使用專業雜誌訴求法（如《美化家庭》雜誌宣傳某種類型的家具或住房），七是使用證書訴求法（如用獲獎證書或資格認證證書宣傳某種產品），八是使用評價訴求法（如使用由權威機構發布的產品品質或市場占有率的客觀評價或等級評定來宣傳產品）。

當然，上述每種方法都各有其優缺點，而且具體使用時也必須滿足各自的必備條件。比如，名人訴求法的使用，首先必

須要求名人要有很高的可信度，即名人必須具有相當的專業水
準，同時還必須具備較高的信譽。這兩個條件是缺一不可的。
否則，將使名人的聲望和產品的可信度都受到不良的影響。

3.5　社會階層與消費行為

　　市場營銷心理學的研究表明，消費者的消費模式與其所屬
的社會階層之間存在著極大的相關性。換句話說，消費者所屬
的社會階層對消費者的消費行為具有直接的制約作用。因此，
市場營銷人員必須了解社會階層對消費行為的影響及其規律。
那麼到底什麼是社會階層呢？與社會階層相聯繫的態度和行為
到底是如何影響消費者的消費行為的？

　　所謂的社會階層，就是所有社會成員按照一定的等級標
準，被劃分為許多相互區別的、地位從低到高的社會集團。其
中的每個社會集團中的所有社會成員之間的態度、消費行為模
式和價值觀等方面都具有許多相似性，而不同社會集團中的社
會成員之間在這些方面卻存在著很大的差異性。一般來說，社
會科學中常用「財富」（或者經濟收入）、「權利」（個人選擇或
影響他人的能力）和「聲望」（被他人認可或贊同的程度）這三
個向度來劃分社會階層。當進行消費行為研究時，市場營銷心
理學中常用下列三個變數來劃分社會階層：家庭經濟收入、職
業地位、受教育水準。

　　目前，國際上常用六分法來劃分社會階層：上上階層、次
上階層、中上階層、中中階層、低中階層、低低階層。所謂的
上上階層是指億萬富翁。這種類型的人為數不多，但因為擁有

鉅額財富，其消費能力十分可觀，是高級消費品和豪華汽車、別墅、家具和旅遊的主要消費者。所謂的次上階層是指一些規模較大的企業主以及那些從事高層管理工作的人士。這種類型的人為數較多，他們一般擁有高級汽車、高級住宅，因為經濟收入相當豐厚，其消費能力也很強，喜歡追逐消費時尚。所謂的中上階層是指在企業工作的專業技術人員，以及一些中小企業主和白領階級。這些人一般具有較高的薪資收入，人數相當多，喜歡追逐消費時尚，消費能力很強。所謂的中中階層是指國家公務員和事業單位的各類工作人員。這些人雖然拿著數目並不大，但卻有可靠保證的國家薪資，而且還享受著購屋、儲蓄等方面的各種優惠，因此具有一定的消費能力。所謂的低中階層是指中小企業員工，以及一些有一定經濟收入的農民。雖然他們人數相當龐大，但由於經濟收入有限，消費能力處於自我壓抑狀態，而且缺乏安全感，對儲蓄和節儉非常重視。所謂的低低階層是指沒有工作也沒有積蓄的弱勢人口，以及尚未脫貧致富的農民。這個階層的人由於經濟收入十分低，只能購買最基本的生活必需品，是極需要全社會都來關心的階層。

我們前面說過，每一個社會階層都有其特定的生活風格，也就是說，每一個社會階層都各有自己相應的信念、態度、行為方式和價值觀。下面我們用表3-2概要介紹各階層的特點。

表3-2所列的只是六個社會階層的概要的生活風格。其實，每個階層都有各自更具體、更詳盡的消費行為習慣。以服裝為例，每個階層都有自己認為最時髦或者最得體的服飾。關於這一點，古希臘的一名哲學家就曾經說過：「首先要清楚你是誰，然後據此進行打扮。」例如，低中階層的消費者一般來說比較偏愛T恤等，這些衣服表面常常印著一些標誌，比如某個

表3-2　社會各階層特點

上上階層——鄉村俱樂部或者別墅的擁有者
這種類型的家庭數量很少。
擁有豪華的鄉村俱樂部或者別墅。
是當地社區的名人和學習榜樣。
可能是久負盛名的大公司的所有者，也可能是一些暴發戶。
習慣於過炫耀或揮霍的生活。
次上階層——新富翁
並不爲更上一層的上流社會所接納。
是發家致富的代表。
是成功的企業經理和企業主。
他們花錢很大方、樂於炫耀。
消費觀念比較新，樂於模仿上流社會的行爲。
中上階層——成功的專業技術人員
既沒有顯赫的家庭背景也沒有非同尋常的財富。
具有職業取向，成就動機很強。
是一批年輕有爲的專業技術人員、公司管理人員。
大部分人都有高學歷。
在社交活動、專業技術活動中表現很活躍。
特別希望在生活中能夠「更上一層樓」。
其家庭實質上是自己事業成功的象徵。
消費行爲具有明顯的炫耀性。
中中階層——忠實的追隨者
主要是公務員和事業單位員工，以及一些高薪的藍領工人和經濟條件較好的農民。
消費行爲比較穩定，能夠跟上時代潮流。
希望下一代能夠成爲行爲文明的有身分的人。
愛好潔淨的外表，不喜歡穿很時髦的衣服。
低中階層——尋求心理安全感的社會大眾
人數最多的社會階層。
人多勢眾的中小企業員工和鄉鎮企業工人。
透過不斷儲蓄和節儉努力尋求安全感。
把工作看作是「購買」職業的手段。
希望自己的孩子能夠表現出合適的行爲來。
丈夫通常具有強壯的「男性」自我意向。
男性一般是體育運動愛好者，大量抽煙和酗酒。

（續）表 3-2　社會各階層特點

低低階層 —— 社會的最低層
各類無業人士，以及貧困的農民。 教育程度很低，缺乏勞動技能。 經常面臨生活問題。 只能購買一些基本生活必需品。 對未來的預期比較悲觀。

名人的名字，或者是一些著名的品牌名稱等等。因此，這個階層的消費者是合法的常規商品的主要購買者。與此相反，上等階層的消費者則喜歡購買外表看起來更精緻的高級商品，而不是牛仔褲之類的服裝。再比如，每個社會階層也都有各自認爲最合適的購物地點。換句話說，社會階層是一個影響消費者購物地點選擇的主要因素。市場營銷心理學的研究表明，消費者傾向於避免到與自己的社會自我意向或者社會階層不相符合的商店去購物，因此，市場營銷人員必須時刻注意自己的基本消費者及其所在的社會階層，絕不能給消費者傳遞不合適的，甚至有違其自我意向的營銷資訊。此外，像閒暇時間的支配、儲蓄、信用消費，以及對廣告資訊的尋求等方面都在社會階層之間存在著一定的差異。

3.6　社會心理現象與消費行爲

　　社會心理學的研究表明，在分散的社會大眾中可能會發生時尚和恐慌等社會心理現象。這些社會心理現象有時亦稱之爲分散的大眾集群行爲，其原因就在於這類現象通常是發生在分

散的鬆散人群之中的，而且人與人之間所進行的是間接的接
觸。儘管人與人之間進行的是間接的而非面對面的直接接觸，
但這類社會心理現象對市場營銷也會產生很明顯的影響。比
如，時尚在消費行為中表現的就最為典型，我們經常見到的時
裝、髮型、家具等都是如此。因此，作為市場營銷人員必須研
究這類社會心理現象及其規律。我們在這裡主要研究消費時尚
及其規律。

3.6.1　消費時尚的概念與傳播特點

　　所謂的消費時尚是指在一定的時期內相當多的消費者或者
某些社會群體中普遍流行的特定消費趣味、消費思想和消費行
為等模式。消費時尚主要是由於某種商品或消費方式具有某些
新穎獨特的特性而受到眾多消費者的青睞，在短時間內廣泛流
行，最終演變成為某種消費時尚。因此，消費時尚的普及和發
展所依賴的主要手段就是流行。換句話說，消費時尚與流行是
同一事物不可分割的兩個方面。正因為如此，有人也把消費時
尚稱之為消費流行。

　　消費時尚的流行不僅取決於一定的物質條件，而且也取決
於人們的社會心理因素。在消費時尚得以流行的所有前提條件
中，第一，社會的生產力發展水準和人們的物質生活條件的豐
裕程度以及人們的消費水準是最基本的條件之一。如果某種商
品的生產能力達到了較高的水準，企業能夠大規模地組織生產
並能夠把該產品源源不斷地投入市場，消費時尚才有可能形
成。否則，產品在市場上供不應求，消費時尚就會受到抑制。
另外，物質生活窘迫者和消費水準很低的人一心希望解決溫飽

問題，根本就不會去追逐消費時尚。第二，人們日常生活中大
眾的相對閒暇時間也是一個很重要的因素，因為如果沒有足夠
的閒暇時間，人們就沒有機會去趕時髦。第三，消費時尚的流
行還與社會的大眾傳播媒介的發達程度有關。大眾傳播媒介促
進了消費時尚的快速流行，尤其是當代的電子傳媒更是給消費
時尚的形成和發展提供了極為有利的物質條件。第四，消費時
尚的流行還必須能夠滿足消費者的某種潛在需要。那些凡是能
夠符合消費者潛在需要的新時尚都會快速地流行起來。如近年
來人們渴望生活方式能夠多樣化和情趣化，因而休閒旅遊就成
為一種消費時尚。第五，消費時尚的流行與人們渴望變化、求
新求美、表現自我的心理需要密切相關。如果人們安於現狀、
不求進取、不希望自我實現，那麼時尚就不可能流行起來。這
也就是年輕人為什麼要比老年人更易於被消費時尚所感染的主
要原因。第六，消費時尚的流行也與人們的從眾心理和模仿心
理有著很大的關係。試想，如果所有的人都具有獨立自主、我
行我素的個性特點，人們之間誰都不願意模仿和遵從誰，那麼
任何消費時尚的形成恐怕都是一句空話。

　　一般來說，消費時尚的流行具有下列七個特點：

（一）消費時尚的流行遵從週期性的「循環原則」

　　今天視為時尚的事物，明天很可能就會成為陳舊的東西，
而後天又可能「死灰復燃」成為時尚。克魯伯在研究婦女時裝
變化規律時得出結論，時裝的變遷大概五至二十五年為一個循
環週期。時尚的變遷一般遵循極端規則。就婦女時裝而言，寬
到極端又回到緊，緊到極端再回到寬，依此循環往復。之所以
產生這種週期性的循環，其中一個主要原因就是每種流行商品

或流行消費方式都有各自的壽命週期。就商品的壽命週期而言，每種流行商品的壽命週期大致可以劃分為四個階段：

◆市場導入階段

　　這個階段新產品剛剛進入市場，大多數消費者尚未承認其價值，只有那些有名望、有經濟實力、具有創新意識的少數消費者領導消費潮流而率先購買。

◆市場增長階段

　　在這個階段，由於消費時尚的倡導者所產生的強烈的示範作用和無形的感召，產品逐漸被大多數消費者認識和接受，許多熱衷時尚的消費者紛紛仿效，消費時尚迅速形成。

◆市場成熟階段

　　這個階段，產品的市場占有率達到了極限，消費市場趨於飽和，競爭激烈，消費時尚達到了頂峰，並且其勢頭已經開始減弱。

◆市場衰退階段

　　這個階段，由於更新穎、更具有特色的產品已經出現並開始逐漸取代原來的「流行商品」，所以原來流行的商品已經變得不再具有吸引力而逐漸退出了消費時尚。

（二）消費時尚的流行遵從「從眾原則」

　　由於流行的時尚一般來說總是表現出某種特定的珍貴性，流行時尚的參考者無形中必然會體驗到某種殊榮和優越感。因此，人們往往認為，凡是合乎流行時尚的就是好的和美的，反之就是落伍和不合時宜的。這就為眾人對流行時尚的仿效和遵從製造了一種無形的壓力，迫使人們參與和追逐流行時尚。

(三) 消費時尚的流行遵從「新奇原則」

時尚的倡導者往往是那些一心想追求新奇、標新立異、表現自己獨特個性的人，他們千方百計地要在各個方面表現出與眾不同。這些人本身具有較好的經濟基礎，有一定的社會地位，有較大的社會影響力，而「上有所好，下必效焉」。

(四) 消費時尚的流行遵從「價值原則」

人們一般認為，消費時尚中流行的商品就是高級的、有價值的，流行的就是好的。這與人們的崇尚時尚的心理有關。因此，流行商品在款式、造型、色彩等方面都是比較講究的，其價格也就定得較高。

(五) 消費時尚的流行遵從統計學上的「常態曲線原則」

一方面，一個社會中消費時尚的倡導者和極端追逐者畢竟是極少數，而對消費時尚極端不注意或者視若無睹的人也必然是少數人，大多數消費者的消費行為往往都是隨著消費時尚的變遷而不斷轉移的。另一方面，時尚的流行曲線實質上就是一個由上升、高峰和下降三個階段組成的常態曲線展開的過程。科爾曼曾經說過，消費時尚一般是「緩慢地興起，逐漸積累能量，然後發展到頂峰；勢頭逐漸減弱直至徹底消失。在時髦曲線中有一條增長曲線和一條衰退曲線」。

(六) 消費時尚的流行遵從「年齡性別差異原則」

一般來說，消費時尚在年輕人中間比在中老年人中間更容易流行，在婦女中間比在男性中間更容易流行。

(七) 消費時尚的流行遵從「樣式差異化原則」

時尚因爲廣泛傳播流行而最終導致各地區或者各時段正在流行的時尚與其原初的樣式產生了很大差異，甚至已經變得面目全非。這種現象最明顯地表現爲消費流行具有地域差、品種差和時間差。換句話說，消費時尚在流行過程中總是表現爲地域上先在發達地區流行，然後逐波向較落後地區推進；品質上發達地區流行質地優良、功能完善的高級商品，而在其他較落後的地區則會逐漸演變出價格較爲低廉、原材料較爲便宜、使用功能較少的品種；時間上先在發達地區流行一段時間，然後其他地區才開始逐步流行。消費時尚在流行過程中所表現出的這種差異化現象，主要是由兩個因素引起的：一是參與流行時尚的人們互相模仿而導致了差異化；二是不同地區、不同民族的消費者之間存在著顯著的社會文化差異（如氣候、經濟收入水準等）。

3.6.2　消費時尚的流行方式

消費時尚的流行方式大致有三種：

(一) 自上而下的流行

由社會上有地位、有身分、有經濟實力的上層人士率先倡導或者實行，然後逐漸向下傳播，最終形成流行時尚。這就是我們常說的「上行下效」。一般來說，社會的政治領袖、著名的企業家、各種明星等都有可能成爲流行時尚的倡導者或始作俑者。通常這種方式傳播的時尚流行速度都比較快。

（二）自下而上的流行

　　由社會下層消費者最先使用或者說普通消費者率先倡導某種生活方式，然後逐漸擴散開來，為社會各階層、各行業的消費者所接受和追逐，最終形成了一種流行時尚。這就是我們常說的「下行上效」。由於這種流行時尚是由社會下層的知名度較低的消費者率先倡導的，因而其流行速度很慢，但是持續時間卻較長。

（三）橫向傳播的流行

　　由社會某一階層率先指導，然後迅速波及社會的其他階層，最終形成流行時尚。

3.7　跨文化市場營銷的特點與規律

　　近年來隨著世界經濟全球化和市場一體化趨勢越來越強，許多國際性的大公司幾乎無一例外地已經認識到：不是應不應該到海外或者國際市場上去銷售自己的產品，而是如何到海外或國際市場上去進行市場營銷。許多企業更是率先垂範、勇往直前地走向了世界市場銷售自己的產品。雖然許多公司在外國市場上取得了顯著的成績，但是也有許多公司為此付出了沈重的代價，甚至在陌生的異國他鄉遭受了嚴重挫折。成功與失敗的原因到底是什麼？跨文化消費市場與本民族市場到底有哪些異同？到底全球化的市場營銷策略更適合於多民族消費市場，還是區域化的營銷策略更適合於異國他鄉的市場？除這兩種營

銷策略以外，還有沒有第三種折衷的或者新的營銷策略？市場
營銷實務中出現的這類問題迫使市場營銷心理學必須研究跨文
化消費市場的特點及其營銷規律，以利於營銷實踐工作有效地
進行。基於上述考慮，市場營銷人員必須以跨文化消費行為分
析為武器，了解和把握各民族之間所存在的各種異同，進而掌
握跨文化消費市場的特點及其營銷規律，這對於企業創造更多
的銷售和盈利機會將具有十分重要的意義。在此，我們有必要
指出的是，從理論上講，跨文化消費行為分析應該包括兩種類
型：一是同一國家內，兩種或兩種以上的不同次文化消費者之
間的異同的比較；二是兩種或兩種以上的不同文化或國家消費
者之間的異同的比較。限於篇幅，我們這裡主要討論後者。

3.7.1　跨文化市場營銷研究的方法論問題

　　要在多民族或者多國家市場上進行營銷活動，首要的工作
就是必須進行跨文化消費行為調查分析工作，也即對兩種或兩
種以上的民族文化之間存在的異同進行比較。因為只有發現了
它們之間存在的同一性和差別性，才能用合適的市場營銷策略
去影響消費者。一般來說，不同民族之間在信念、價值觀、消
費習俗等方面存在的同一性或相似性越大，那麼也就越是有可
能用相似的或者全球化的營銷策略；反之，各方面的差別性越
大，也就越有可能應用差異化的或者區域化的營銷策略。對
此，像聯合利華、通用汽車公司、麥當勞等成功的跨國公司都
已經用自己的驕人的成就為世人作出榜樣。然而，要進行這種
跨文化消費行為分析工作，又必須首先克服自己狹隘的民族偏
見，學會以文化相對主義觀點來對待外國民族文化，深入了解

與自己的產品營銷有關的異文化的各個方面。在以往的市場營銷實務中，許多營銷人員或企業曾經犯過各種想當然的錯誤，認為他民族文化的人同自己一樣，「我們喜歡的別人也喜歡」，或者「我們的（產品）使用習慣是這樣的，別人也是同樣」。諸如此類未經客觀研究證實的、帶有偏見的觀點，無形中增加了在外國市場上營銷失敗的可能性。因此，市場營銷實務要求我們營銷人員必須利用一切可能的手段，進行客觀的跨文化消費行為調查分析工作，有時還必須實地進行相應的研究工作。這主要是因為，除美國等發達的西方國家有著豐富現成的、由專業研究機構進行的跨文化消費行為研究成果以外，世界上其他國家在這方面都比較缺乏。但是，要進行跨文化消費行為問題研究，首先必須解決研究的方法論問題。因為某些在單一文化研究中常用的標準方法常常並不總是合適。

一般來說，市場營銷人員進行跨文化消費行為研究存在的主要方法論問題有兩個：一是語言習慣和概念問題。因為各民族之間在語言和詞語使用習慣上存在著很大差異。二是研究中所用的測量工具的可通用性問題。有許多在西方文化中盛行的所謂的「標準」測量工具並不一定適合於其他文化。除此以外，還有一些技術性問題存在。表3-3列出了跨文化消費行為研究中所常見的一些方法論問題。

3.7.2　跨文化市場營銷中的常見錯誤

許多企業的跨文化營銷實務表明，由於未能有效地了解和適應海外目標市場的文化差異，致使企業因此付出了沈重的代價。下面是一些常見的營銷錯誤：

表3-3　跨文化消費行爲研究中常見的方法論問題

問題	例證
語言及其意義上的差異	詞語或概念在不同文化中可能意義不同
市場細分的最佳條件存在差異	目標市場的收入、社會階層、年齡和性別在不同國家之間可能存在極大的差異
消費模式上存在差異	不同國家在消費水準和產品的使用方式上有差異
同一產品人們感覺到的好處不同	不同國家的人們對同一產品所注重的面向不同
評價產品或服務的標準有差異	不同國家的人們從不同的角度證明同一產品和服務
社會經濟條件以及家庭結構有差異	家庭購買決策模式可能有很大差異
市場結構和現狀有差異	零售和郵購產品的目錄存在差異
進行市場研究的條件不同	專業市場營銷研究結構及其研究水準之間存在差異

（一）產品結構或主要成分不適應目標市場

　　由於文化之間存在著明顯的差異，產品的結構或主要成分不能千篇一律，必須適應目標市場的需要。在這一點上，有許多企業都未能做到「顧客至上」。比如食品，不同地區、不同文化、不同民族的消費者有著不同的愛好和口味，西方的高脂肪、高糖食品未必就適合東方人的口味。過去日本的一些大的汽車生產廠按照本國人喜愛的樣式和本國人的身材尺寸生產了一批小轎車銷往美國，結果由於汽車的腳踏板太小、座椅靠背太矮不符合美國人的身體結構等原因而滯銷。類似的教訓比比皆是，應該引起企業的重視。

（二）產品顏色和外包裝問題

在國際市場營銷中，產品的顏色是一個制約營銷績效的很關鍵的因素。這主要是因為，相同的顏色在不同的文化中常常具有極為懸殊的意義，並由此而對消費者的購買心理產生重大影響。例如，藍色在伊朗代表著死亡，在瑞典則意味著冷酷，在荷蘭則代表著溫暖，在印度則具有純潔的意味。因此，產品及其包裝具有的顏色常常直接影響企業的營銷績效。同樣，產品的外包裝也是制約產品能否暢銷的一個主要因素。英國市場調查公司經過調查發現，一般到超級市場購物的婦女，由於受自己所喜歡的外包裝吸引，要比當初出門時的計畫多購買45％的商品。這種現象不僅發生在女性身上，而且也普遍地發生在各類消費者身上，成為消費者衡量商品價值和價格的一個重要參考因素。二十世紀八〇年代中期，中國大陸作為工藝品出口到西方國家的紫砂壺儘管價格便宜，但因為粗糙的馬糞紙包裝而乏人問津，而同樣的產品經英國一家公司精美包裝後大幅度提高價格反而卻暢銷歐美。這說明產品的外包裝不僅影響產品本身的形象，而且也影響產品在消費者心目中的地位，從而對產品的定價和價值產生極大的影響。

（三）產品商標及其包裝上的花卉圖案問題

在國際市場營銷中，因為文化差異使得不同的國家或民族具有不同的禁忌習俗。如果企業違背了或者冒犯了這些禁忌，那麼產品將無法在相關市場上銷售出去，致使企業承受不必要的損失。例如，中、美、日等國喜愛熊貓，而阿拉伯國家則對此非常反感，因為阿拉伯國家忌「豬」、「熊」、「狗」。如果企

業在銷往阿拉伯國家的產品或者產品的包裝上不注意這一點，其結果就可想而知。1985年3月，中東地區某國內政部長下令查封市場上出售的中國女式皮鞋。問題就出在女式皮鞋後跟上的防滑圖案與阿拉伯文「真主」二字極其相似，以致造成當地社會輿論的誤會。這雖然是巧合，但從另一側面說明我們如果不了解目標市場的風俗習慣和文化禁忌的話，就很可能給企業帶來不必要的損失。

(四) 產品的促銷問題

企業在國際市場營銷中常常要與世界各地的消費者進行資訊交流和廣告宣傳。這種促銷的效果直接受到促銷資訊與當地消費市場的語言習慣和生活習俗是否一致的影響。例如，寶僑公司在歐美市場上曾經成功地用一則廣告促銷過自己的一種香皂。廣告的畫面上，丈夫在家裡看報，而他的妻子則在浴室用該香皂洗澡。但是，當寶僑公司基本上原封不動地把該廣告投放到日本市場時卻發現，日本人根本就不喜歡這種廣告，因而也就沒有產生促銷的作用。因為日本人認為，這種廣告是對個人隱私權的侵犯。此外，產品的名稱和一些促銷短語在國際市場營銷中也可能會產生營銷問題。例如，大陸有個企業曾經生產過一種「五羊」牌公事包，在英國市場上銷路很差。其原因就在於「五羊」在英國是「不正經的男子」的意思，因而不受英國男性消費者的喜愛。

(五) 產品定價和分銷管道問題

在國際市場營銷中，企業或者營銷人員必須隨時注意調整自己的定價策略和分銷管道以適應目標市場的需要。例如，在

歐美市場上暢銷的大包裝、高定價產品，在發展中國家很可能沒有多大的市場。這種現象與人們之間的經濟收入水準差距較懸殊有很大的關係，也與人們的消費習慣有關係。跨文化市場營銷實踐表明，在發展中國家小包裝、價格便宜的產品更易於為消費者所接受。另外，產品的分銷管道也存在著跨文化的差異。例如，瑞士人很喜歡到超市去購物，因而在瑞士透過超級市場銷售產品就很有前途。然而，有趣的是，剛剛一過瑞士邊界進入法國，這裡的消費者就變得更喜歡去規模較小、更富有人情味的雜貨店購物，所以在法國超市營銷也許並沒有小雜貨店更有前途。從上述情況可以看出，市場營銷人員必須不斷地調整分銷管道以適應各民族消費者的購買習慣。

3.7.3　跨文化市場營銷策略

在多民族消費市場或者海外市場上，企業或營銷人員常常面臨的一個至關重要的問題是：到底採用全球化的營銷策略還是區域化的營銷策略才能有效地創造市場？或者說透過哪種類型的廣告節目才能有效地與另一種文化的消費者進行富有成效的溝通？一般來說，在西方發達國家的消費市場上，由於人們生活水準較高，市場競爭激烈，外國產品比比皆是，消費者分化程度較高，因此區域化的營銷策略更適合這種個性化的消費市場；相反，在發展中國家尤其是一些貧窮的發展中國家的消費市場上，由於人們生活水準較低，市場發展程度較差，競爭機制不太完備，消費者總體上還不成熟，再加上渴望外國產品或者不常見到外國產品，因此全球化的營銷策略更適合這種尚未完全分化的消費市場。此外，企業的產品如果是高技術的和

高捲入的，那麼就應該採用全球化的營銷策略更合適；相反，
則應採用區域化的營銷策略。概括起來，跨文化營銷策略的選
擇在很大程度上要取決於下列五個因素之間的關係及其組合：
一是目標市場的特點，如消費者對外國產品的反應方式和認知
成熟程度、目標市場的經濟發展水準和人民的富裕程度；二是
公司的市場現狀和市場占有率情況，如公司的市場發展程度、
產品的市場競爭情況及其競爭者的營銷策略；三是產品的屬
性，如產品類型、產品的功能及其結構特點，產品的技術密集
程度等；四是特定的環境問題，如海外市場的物質環境、政治
法律環境等；五是公司的組織結構及其特點，如總部與下屬分
公司之間的關係，組織內部的集權或授權程度等。近年來許多
跨國公司的跨文化市場營銷實踐也表明，全球化的市場營銷策
略與區域化的市場營銷策略之間並不是互相排斥或者非此即彼
的關係，而且全球化的市場營銷策略並不總是有效，也並不總
是無效。同理，區域化的市場營銷策略也並不總是有效或者無
效。企業到底採用什麼樣的市場營銷策略才能有效地占領市
場，這與上述五個因素及其組合有很大的關係。換句話說，企
業所採取的市場營銷策略在很大程度上必須視情況而定，採用
一種權變的策略可能更具有競爭力，如圖3-1所示。

廣告交流策略

	標準化策略	區域化策略
標準化產品	相同的產品：採用現行的營銷策略	適應性廣告策略：使用相同的產品
區域化產品	適應性產品：採用現行的廣告交流策略	完全適應性策略：新產品和新廣告策略

圖3-1　多元化的國際市場營銷策略

本章摘要

◆文化具有六個基本特徵：看不見的手、民族性、習得的產物、共享性、動力機制、生存發展需要。

◆中國文化所具有的一些核心價值觀，使中國人形成了特有的消費行為特點：節欲、重人情與求同、含蓄、直覺、以家庭為主。

◆從市場營銷的觀點來看，參考群體就是直接影響和制約消費者的購買決策或消費行為的參照系。

◆消費時尚的流行具有七個特點：消費時尚遵循循環、從眾、新奇、價值、常態曲線、年齡性別差異、樣式差異化原則。

思考與探索

1.試例舉利用「參考群體」進行廣告營銷的成功事例。
2.舉例說明中國人的核心價值觀如何影響人們的消費行為，
　如何才能做到有效營銷。
3.消費時尚的流行具有哪些原因、特點、方式？試分析一次
　消費流行時尚的原因、特點、方式與過程。

第4章
市場與市場心理

　　在現代社會中，「市場」已成爲芸芸眾生嘴邊的最常用詞彙之一。那麼，到底什麼是「市場」？市場是由哪些因素構成的？它有哪些規律？市場與營銷之間到底存在著什麼樣的關係？作爲營銷人員應該如何去捕捉市場機遇？諸如此類是市場營銷心理學必須面對的關鍵問題。

4.1　市場的概念與市場細分

4.1.1　什麼是市場？

　　從人類經濟活動的歷史來看，「市場」這一概念主要有前後相繼的三種涵義。最早的「市場」主要指買賣雙方聚集在一起進行產品交換的場所。這一概念一直沿用至今，如我們現在常說的「菜市場」、「超市」等就是這個意思。現代經濟學則用這一概念泛指對某一產品進行交易的買主和賣主的集合，是各種供需關係的總和。因此，在經濟學家看來，市場不僅指具體的交易場所，而且是買賣雙方進行商品讓渡的交換關係的總和，是供給與需求之間的有機統一。這是「市場」的第二種涵義。如果我們從市場營銷的角度來看，「市場」則指由產品的買主所構成的集合，而產品的賣主只能構成「行業」。因此，所謂的「市場」就是由「那些具有特定的需要或欲望，而且願意並能夠透過交換來滿足這種需要或欲望的全部潛在顧客所構成」。換句話說，市場就是指那些有一定的消費需求，有一定的購買能力，願意透過與他人進行交換，從而滿足自己需要的人

口構成的集合體，也就是我們常說的「消費者」。這就是「市場」
的第三種涵義，用公式表示就是：

市場＝人口＋購買力＋購買欲望

4.1.2 市場細分的原理與方法

（一）市場細分的概念

市場營銷人員都知道，不論是哪一個消費市場都存在著許
許多多的差異性和多樣化。換句話說，任何市場都是由各不相
同的場所、消費需求和興趣多種多樣的消費者構成的。再加上
消費市場的文化背景和傳統不同，這就使得每一個市場都成爲
一個充滿變異和差別的「大蛋糕」。如果不加區分地去開拓市
場，就像早期的「大規模營銷」（mass marketing）那樣，把完全
相同的產品和千篇一律的營銷策略用在所有的消費者身上。雖
然採用這種方法可以大大降低營銷成本，但卻使得企業四面出
擊，不能有效地爲最具吸引力的消費者群體服務，其效果可想
而知。因此，企業要想更好地識別營銷機會，並進行有效的營
銷活動，從而占領屬於自己的那份「蛋糕」，目標市場營銷
（STP營銷）就成爲最有利的工具之一。所謂的目標市場營銷主
要包括三個步驟：市場細分（segmenting）、目標市場選定
（targeting）和市場定位（positioning）。有效地進行目標市場營
銷，首先必須對消費市場進行「市場細分」，也即按照消費者的
需求和特點把一個市場劃分爲若干不同的購買者群體。如果下
一個嚴格的定義，那麼市場細分就是指企業按照一定的方法把

一個潛在的消費市場或者消費者群體劃分爲許多部分，其中的每一個部分都具有各自相同的消費需求特徵，然後根據自身特點從中選擇一個或者更多個部分進行相應的營銷活動。這個定義可以用更通俗的說法來表示，這就是下列八個問題，或稱之爲「8W」策略：

誰是本商品的用戶和買主？

他們一共有多少人？

他們現在在什麼地方？

他們能夠消費多少產品？

目前他們是如何滿足這方面的需求的？

他們對這類商品有什麼意見或好惡？

我們應該給消費者生產什麼樣的產品？

我們怎樣才能把該產品順利地銷售給消費者？

市場細分的目的在於確定自己的目標市場（即根據科學分析選擇對自己最具吸引力的消費者群體），然後據此進行市場定位（設計和開發什麼產品以及如何設計開發）和營銷定位（用什麼營銷方法和手段影響和打動消費者）。市場細分的原理和方法如果應用得當，將會給企業創造無限的機會。正因爲市場細分具有很大的優越性，所以近年來已有越來越多的企業採用各種方法進行市場細分。

（二）市場細分的程序和依據

目前，國內外市場營銷研究機構在進行市場細分時，經常遵循的細分程序主要有下列三個前後銜接的步驟：第一是進行營銷調研，即在確定所要研究的問題和研究所要達到的目標的

基礎上，制定調研計畫並透過各種方法收集諸如產品的使用方式、消費者的態度和人數等資料。第二是進行資料分析，對收集的資料用因素分析法進行統計處理，在此基礎上劃分出一些差異最大的細分市場。第三是進行具體的細分，根據消費者的不同態度、行為及其他心理變數劃分出每個群體，並且依據它們主要的差異性特徵給每個細分市場命名。企業在進行市場細分時必須注意，上述三個步驟在實際應用時絕不是一勞永逸的，隨著消費市場的不斷變化，這三個步驟也必須定期反覆進行以不斷地適應變化中的市場，從而對市場適時進行新的細分。

　　在市場細分的具體操作過程中，營銷人員或機構經常依據下列八個變數對市場進行細分：地理因素、人口統計因素、心理因素、社會文化因素、與使用相關的因素、情景因素、追求的利益因素、混合因素。這八個因素或變數在具體應用時都各有自己的條件和要求，而且也都各有自己的優缺點。例如，人口統計學的因素比較客觀，比其他大部分因素都更易於衡量，但是像年齡等變數本身就是一個複雜的混合變數，有時甚至與其他因素交織在一起。再比如，個性細分一般只能用於服裝、化妝品、雜誌、香煙和汽車等領域，其他領域由於種種原因一直無法使用。所以，在市場細分過程中雖然有人常把上述八個變數分別用來細分市場，但越來越多的人卻把其中的幾個因素結合起來對市場做出細分。總之，市場細分的依據有各種不同的組合情況，也就有了各種各樣的細分方法。表4-1詳細列出了市場細分的常用變數及其劃分實例。

表4-1 市場細分的常用變數

細分變數	劃分實例
地理因素	
地區	西北區，東南區，西南區，東北區；沿海地區，內陸地區
城市規模	100萬-400萬，400萬-700萬；大都市，小城市，城鎮
人口密度	都市，市郊區，遠郊區，鄉村
氣候	溫暖，炎熱，潮濕；南方的，北方的
人口統計因素	
年齡	11歲以下，12-17，18-34，35-49，50-64，65+
性別	男，女
婚姻狀況	單身，已婚，離異，同居，喪偶
收入	低於0.8萬元，0.8-1.8萬元，1.8-2.8萬元，2.8萬元以上
職業	專業技術人員，行政官員，職員，退休人員，農民，學生
教育	小學或以下，中學肄業，高中畢業，大專肄業，大學畢業
宗教	佛教，伊斯蘭教，基督教，天主教，其他
國籍	中國，日本，美國，英國，法國，德國，俄羅斯
種族	漢族，回族，藏族，壯族；白人，黑人，棕色人種
心理因素	
個性	外向的，內向的；愛交際的，孤僻的；攻擊性的，順從的
知覺	低風險的，中等風險的，高風險的
學習捲入程度	低捲入的，高捲入的
態度	積極的，消極的
生活方式	追求時髦型，簡樸型，保守型
需要—動機	隱蔽的，尋求安全的，情緒的，自我肯定的
社會文化因素	
文化	中國的，美國的，俄羅斯的，義大利的

（續）表4-1　市場細分的常用變數

細分變數	劃分實例
社會階層	低低，中中，上上
家庭類型	單身，青年夫婦，空巢
與使用相關的因素	
使用率	經常使用，中等程度的使用，不常用，不用
品牌忠誠程度	無，一般，強烈，絕對
使用者情況	從未用過，以前用過，第一次使用
準備程度	未知曉，已知曉，有興趣，想得到，企圖購買
對產品的態度	熱情，積極，不關心，否定，敵視
使用情景因素	
使用時間	休息，工作；普通時刻，特殊時刻；早晨，中午，晚上
使用目的	個人使用，作為禮物；娛樂，為了成就
使用地點	家庭，工作單位，朋友的家庭，商店
追求的利益因素	品質，服務，經濟，方便，新功能
混合因素	
人口統計學的／心理的因素	上述兩種變數結合起來使用
人口地理學的因素	年輕的市郊人口，老年城市人口；西北的女性，東北的男性

（三）市場細分的有效條件

　　我們前面說過，市場細分可以有許許多多的方法。然而，並不是所有的細分都是有效的。比如，雀巢公司的營銷人員以前曾經做過這樣的市場細分，他們根據消費者的生活方式把消費者劃分為「熬夜的人」、「早起的人」、「正常起居的人」等細分市場，並企圖向「熬夜的人」推銷一種特製的除去咖啡因

的咖啡品牌，結果遭到了失敗。我們也可以根據消費者身高來劃分餅乾消費市場，把他們分為「較高的」、「較低的」和「中等的」三種細分市場，但購買餅乾與消費者身高之間恐怕沒有關係。像諸如此類的市場細分就是無效的，因為它們可能不具有操作上的可行性，或者也可能不具有差異性。因此，要使市場細分成為有效的工具，它必須具備六個特徵：

◆市場細分的可辨別性或者差異性

　　經過細分的市場必須在某個重要特徵上存在著顯著差異，而且這些細分後的市場應該能夠對不同的營銷組合因素和方案產生明顯不同的反應。換句話說，如果市場營銷人員是根據消費者的某種可觀察的顯著特徵對某個市場做出了細分，那麼從理論上來推論，經過細分的這些更小的市場之間應該具有某些很易於人們識別的客觀差異。如果做不到這一點，該市場細分就沒有任何實際應用價值。比如，老年男性與青年男性對洗髮精銷售的反應基本上沒有差別，那麼該市場細分就是無效的。市場細分中常用的八類變數中，其中有些變數本身就比較易於辨別（如人口統計學方面的因素），有些則需要透過問卷調查才能加以明確地識別（如經濟收入），另外還有些則比較難以識別（如希望尋求的利益）。

◆市場容量的充足性

　　市場細分後，必須有足夠規模的消費者群體構成一個細分市場，企業才值得對此進行專門的產品設計和營銷，也只有這樣才能給企業帶來盈利機會。否則，細分市場容量太小或者說消費者人數太少而無機會盈利，這就使得所進行的市場細分是無效的。為了正確地估計將要細分的市場的容量，營銷人員首先必須借用他人或者國家機關已經發表的二手人口統計學資料

對該市場預先進行必要的分析。這是許多營銷研究機構為了保
證市場細分的有效性在正式進行市場細分前所必做的工作。例
如，任何一個玩具生產企業都不會把失去左腿小男孩使用的小
輪椅作為系列產品。

◆市場細分的穩定性

　　人們都希望在市場細分後，細分的市場既能夠在某一時期
內保持一定的穩定性，同時又希望這一細分市場能夠隨時間變
化而不斷地發展壯大。誰都不希望自己的細分市場是一個「易
變的」或者「飄浮不定的」怪物。這主要是因為從進行市場細
分到產品銷售實質上是一個週期並不太短的過程，這中間需要
一定的時間。如果在這個過程中間細分市場發生了顯著變化，
那麼不僅市場細分工作白費了力，而且很可能會給企業造成一
定的損失，有時甚至是慘重的損失。

◆市場細分的可衡量性

　　用來劃分細分市場大小和購買力的特徵應該是能夠加以測
定的，或者說必須具有一定的客觀操作性，能夠用一定的數量
標準進行衡量。否則，細分的市場就會因為缺乏準確性而無使
用價值。

◆市場細分的可接近性

　　市場細分之後，企業要能夠以經濟的方式或可接受的成本
範圍與其希望目標化的細分市場進行接觸，並且發展有效的營
銷活動，或者說必須能夠有機會接近細分市場並為之進行服
務。例如，某個希望中的目標化的細分市場雖然具有一定的消
費潛力，但由於目前還沒有一個合適的傳播媒體對其發生影
響，或者由於其行蹤不定，或者由於該市場的消費者行為乖僻
而無法接近，所以企業對此根本無法施加影響。像這樣的細分

市場實質上就沒有價值，或者說是無效的。

◆市場細分的可操作性

　　市場細分之後，企業是否有能力、有條件對細分的市場進行各種營銷運作，如若不能，此市場細分就是無效的。例如，由於企業規模太小，或者由於財力很有限，或者由於競爭對手太強大無力對細分後的市場推出一套行之有效的營銷方案，像這樣的市場細分實質上也是無效的。

（四）細分市場的評估

　　市場細分之後，要想選擇最佳的細分市場做自己的目標市場，企業首先必須詳細評估每個細分市場的盈利潛力，即分析細分市場的規模和發展潛力、細分市場結構的吸引力、企業的目標和資源。

◆細分市場的規模和發展

　　經過細分的市場到底有哪些小市場具有與企業自身的規模和條件相適應的「適度的」規模和發展潛力？「適度的」規模是個相對概念，意思就是對某個既定企業來說細分的市場其規模既不能太大也不能太小。適度規模和具有潛在發展能力的細分市場是企業應該選擇的候選目標之一。

◆細分市場結構的吸引力

　　細分市場是否具有可觀的消費購買能力（經濟收入水準以及顧客的討價還價能力）？細分市場內外是否存在激烈的競爭以及競爭者的實力如何？或將來是否出現強有力的競爭者？是否存在替代品或將來有可能出現替代產品？原材料供應商是否有能力、有條件源源不斷地為自己提供服務？這四個方面的因素將直接影響細分市場的選擇。如果這四個方面出現了不利於

企業的變化，那細分的市場也就沒有吸引力。比如，細分市場
內部或外部都存在或者有可能出現強有力的競爭者，這樣的細
分市場就沒有吸引力。

◆企業的目標和資源

　　評估細分市場的第三個指標是，企業是否具有有效占領細
分市場或者壓倒細分市場內外的競爭對手的技術資源優勢，以
及細分市場是否符合企業的長遠目標。如果細分市場很有吸引
力，而且也具有相當的規模和發展潛力，但由於該細分市場不
符合本企業的長遠發展目標，或者本企業沒有能力占領該細分
市場，在這種情況下，企業就必須放棄細分的市場。

（五）選擇細分市場

　　經過評估之後，企業緊接著就必須選擇進入或放棄哪些細
分市場，或者說選擇哪一個或哪幾個細分市場作為自己的目標
市場。市場營銷心理學的研究表明，企業共有五種選擇細分市
場的策略模式，或曰「目標市場選擇策略」，下列五個圖中 $P_{(1,2,3)}$
代表產品，$M_{(1,2,3)}$ 代表細分市場。

◆產品／市場集中策略

　　如圖4-1所示，企業只選擇某一細分市場，然後集中供應自
己的某種產品，以此在該細分市場占據牢固的市場地位和競爭
優勢。這種占領細分市場的策略在某種意義上就是尋找市場空
檔並實施補缺的「補缺市場策略」。雖然這種策略使企業易於深
入了解消費者的需求特點及其變化規律，同時也可獲得高額的
回報，但它的經營風險也比一般的營銷策略更大。例如，自己
選擇的目標市場可能突然出現需求衰退或者強有力競爭者闖入
的情況，這將嚴重影響企業的經營業績。

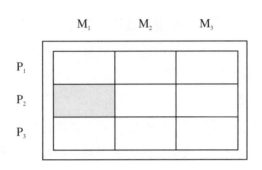

圖4-1　產品／市場集中策略示意圖

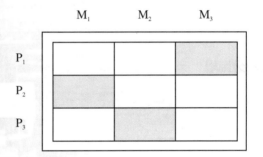

圖4-2　選擇專業化策略示意圖

◆選擇專業化策略

　　如圖4-2所示，由於存在著好幾個具有吸引力的和發展潛力，並且完全符合企業長遠目標和資源狀況的細分市場，所以企業同時選擇了這幾個細分市場作為自己的目標市場。一般來說，這幾個細分市場之間幾乎不存在或者根本就沒有任何聯繫，企業只能以各不相同的產品分別去占領這些細分市場。這種多細分市場的選擇策略在總體上要優於圖4-1的單細分市場策略，這是因為企業可以據此分散經營風險，不至於在各個市場上都全軍覆沒。

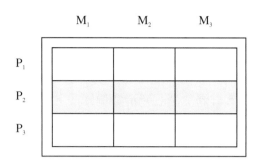

圖4-3　產品專業化策略示意圖

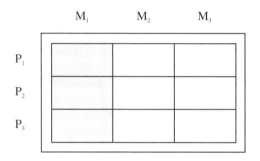

圖4-4　市場專業化策略示意圖

◆產品專業化策略

　　如圖4-3所示，企業集中全部資源生產各種規格和用途的某一種產品，並根據不同細分市場的不同需要和用途，把不同規格或不同型號的這種產品分別銷售給相關的消費者群體。這種策略可以使企業在某一產品領域獲得很高的聲譽，但如果市場上一旦出現了新的替代產品，企業就會面臨生存危機。

◆市場專業化策略

　　如圖4-4所示，企業把生產的各種產品都提供給某個細分市場以滿足其不同需要。換句話說，企業專門為某個消費者群體

服務，為其提供所需的各種產品。例如，企業專門為年輕女性消費者生產各種女性用品，包括洗髮精、護膚品、裝飾品及其他衛生用品。這種營銷策略有利於企業獲得良好的市場聲譽，但如果該消費者群體突然改變消費偏好或者因為大幅度失業而減少購買量，就會使企業陷入嚴重危機。

◆全市場策略

這種策略也叫做全市場覆蓋策略。如圖4-5所示，企業生產各種不同的產品並提供給各類細分市場以最大限度地滿足消費者的不同需求，並以此占據某個市場的領導地位。這種策略只適用於實力強大的大型企業或企業集團，如美國的可口可樂公司為各類消費者生產各種類型的飲料，以期領導飲料市場。這種全市場策略在實行時可以透過無差異市場營銷或差異市場營銷兩種方法達到覆蓋整個市場的目的。所謂的無差異市場營銷是指企業基於各細分市場之間的相同之處，不理會細分市場之間的區別，憑藉廣泛的銷售管道和大規模的廣告宣傳，以一種產品和一種營銷計畫來迎合最大多數的消費者，從而達到覆蓋整個市場的目的。

所謂的差異市場營銷是指企業同時經營幾個細分市場，並

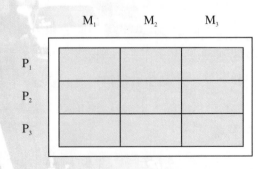

圖4-5　全市場策略示意圖

爲每個細分市場分別設計出不同的產品，制定營銷計畫，以此
達到覆蓋整個市場的目的。這兩種方法各有利弊，前者可以大
大節省成本，但卻因爲忽視了許多較小的細分市場而失去了盈
利機會；後者可以創造出比前者更大的總銷售額，但卻會增加
生產和促銷等方面的經營成本。**圖**4-6直觀地展示了無差異市場
營銷、差異市場營銷和產品／市場集中策略三者之間的區別。

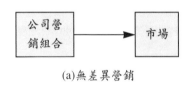

(a)無差異營銷

(b)差異營銷

(c)產品／市場集中營銷

圖4-6　**三種市場選擇策略之間的區別**

4.2　市場消費心理的微觀分析

　　市場營銷心理學認為，要想深入研究市場消費心理，就必須從兩個方面對其進行分析：一是從宏觀角度進行分析（見第 3 章），另外也可以從微觀角度進行分析。所謂的市場消費心理的微觀分析，就是分析研究影響消費者行為的內環境，即影響消費行為的個體自身的因素，其中主要是消費者的年齡、性別、家庭等。

4.2.1　年齡與消費行為

　　年齡是影響消費行為的一個主要因素，不同年齡階段的消費者因其生機技能和社會經歷的差異具有不同的消費心理和消費行為，在市場上就形成了不同的消費者群體。正是根據這種差異，市場細分時往往把消費者劃分為兒童消費市場、青年消費市場、中年消費市場和老年消費市場。

（一）兒童消費市場

　　兒童消費市場是指由十四歲以下的消費者構成的市場，這是一個極為龐大的消費市場。由於中國傳統觀念的影響，家長們及其祖輩們盡力滿足其各種需要，這就使得兒童消費市場不僅極富魅力，而且也形成了自身特有的規律和消費模式。

◆兒童的消費行為特點

　　兒童在從出生到少年的成長過程中，隨著兒童社會化程度

的提高，其消費心理行為發生了很大變化。一般來說，兒童具有如下一些消費特點：

第一，消費能力逐步提高，這主要表現在四個方面：(1)在本能性消費逐漸趨於成熟的同時，社會性消費也得到了很大發展。嬰幼兒時期主要是滿足自己的生理性需要，而到了學前時期則出現了攀比和炫耀等社會性需要，學齡兒童的社會性需要更是豐富多樣；(2)單純模仿性的消費逐步轉變為個性化的和獨立自主的消費。年齡小的兒童在吃穿用玩等方面只是進行單純的模仿性消費，而到了小學階段的兒童則有了自主意識，不僅要求「別人有的我也要有」，而且「要有最好的、最漂亮的」；(3)依賴性消費逐漸減弱，而自主建議性消費則迅速發展。嬰幼兒時期兒童的消費完全依賴於自己的父母，其消費內容和消費時機都由父母決定。但是到了學齡初期之後，凡是關係到個人自己的消費問題，兒童會不斷地提出自己的觀點和要求，不完全由家長決定，有時甚至會左右家長或整個家庭的購買意向；(4)幼稚的、不成熟的消費逐漸向穩定的、成熟的消費轉變。如衝動性、即興性消費逐漸趨於減少，而經過思考的、規範穩定的消費則明顯有了發展。

第二，消費需求日益複雜，這主要表現在如下三個方面：(1)消費內容和範圍飛速擴展，由過去單一的生活必需品消費逐漸向社交的、精神的、心理的消費品擴展，希望與成人的消費內容趨同；(2)對消費品的品質、外觀、顏色和功能逐步產生了更高的要求，希望購買的商品不僅好玩而且好用。兒童到了小學階段之後，對產品品質等屬性的評價標準和要求明顯不同於嬰幼兒時期；(3)消費動機日趨多樣化。隨著年齡的增長，求同、求美、好勝等消費動機逐漸居於主導地位，而生理性消費

動機則退居次要地位。

◆兒童用品市場營銷策略

開發潛力巨大的兒童用品市場，一定要把握兒童各年齡階段的特點才能設計出孩子喜愛的產品。此外，兒童用品市場的開發還必須注意這樣幾個問題：

第一，兒童用品的造型要有趣，裝潢要有童話色彩，整個產品要富有想像力。因為造型和包裝富有「童趣」的產品極易喚起兒童的注意，誘發他們的購買動機並促成實際購買。

第二，兒童用品的廣告設計要富有情趣、生動活潑。那些能夠給孩子帶來歡樂和愉悅的廣告宣傳往往就是成功促銷的楷模，因此請動畫明星作廣告要比常人更具有煽動力。

第三，兒童用品的設計和開發必須同時滿足家長急切希望開發兒童智力的需要。隨著社會競爭的加劇和未來社會人才標準的提高，父母越來越重視兒童智力開發工作，因而凡是那些能夠有助於開發兒童智力的玩具和用品必將越來越受到人們的青睞。

第四，兒童用品的設計和開發還必須滿足成人對兒童安全感的渴望。安全是兒童用品市場的首要問題，市場營銷一定要滿足或迎合成人的這一需求。

（二）青年消費市場

青年消費市場是由年齡在十五至三十歲之間的消費者構成的。人生的這個階段是最富有創造性和追求獨立性的階段。他們敢作敢為、勇於追求時代潮流，再加上他們本身已經具有越來越可觀的經濟收入，有時甚至遠遠超過了中老年人。比如，國內外目前從事高科技的青年專家其收入就是其他行業、其他

年齡階段的人所望塵莫及的。因此，這是一個最富有購買能力
的龐大消費市場。從市場營銷心理學的角度來說，研究青年消
費者的消費行為特點及其消費市場規律，對於企業開發新產品
或者更好的營銷現有產品，都具有十分重要的意義。

◆青年的消費特點

青年的消費特點主要表現在下列四個方面：

第一，消費能力很強，市場潛力大。隨著科學技術在社會
發展中起著日益重要的作用，青年人的創新能力和知識更新優
勢給他們帶來了越來越豐厚的經濟收入，加上家庭負擔輕、消
費觀念新潮而又不願意壓抑自己的欲望，注重享受和娛樂，因
此青年消費市場就成為所有消費市場中消費能力最強、市場潛
力最大的一個。

第二，消費意願強烈，具有時代感和自我意識。青年消費
者經常表現出這樣一種消費心理：大家都沒有的自己要有，某
些人有的自己必須有，大家都有的自己不想有。這是一種典型
的標新立異、追求美好事物、爭強好勝、求多求全、表現自我
心理，表現了青年消費者強烈的消費欲望和追求時尚、領導時
代新潮流的消費特點。

第三，消費行為易於衝動，富有情感性。由於青年期人的
神經系統並未徹底成熟，加上閱歷有限，使得個性尚未完全定
型，他們內心豐富、熱情奔放，所以許多時候情感在消費行為
中往往比理智更占上風，衝動性消費明顯多於計畫性消費。例
如，許多時候產品的款式、顏色、形狀、廣告、包裝等外在因
素往往是決定青年消費者是否購買該產品的第一要素，而產品
的品質、功能等內在因素則成為退居後面的次要成分。

另外，青年消費者的消費興趣具有很大的隨機性和波動

性，一會兒喜歡這種商品，而過一會兒又喜歡另一種商品。這都是衝動性和情感性消費的表現形式。

◆青年用品市場營銷策略

在青年用品市場上進行營銷活動，一是要把握青年的消費內容，二是要符合青年的消費方式和消費特點。基於這種考慮，那些希望進軍青年用品市場的企業必須實行以下三種營銷策略：

第一，新產品開發、設計及其營銷活動必須做到新穎且符合流行時尚。這主要是因為青年人具有強烈的求新求奇的消費傾向和迫切地希望表現自我的消費動機。市場營銷實務也表明，凡是符合消費時尚或者能夠激發青年人求新求奇消費傾向的產品一般都具有良好的市場前景。

第二，新產品開發和設計必須注重產品的美學價值和名望。因為青年人具有強烈的求美求名的消費動機，所以設計青年用品時，產品的造型、包裝、裝潢必須具有審美價值和令人羨慕的名貴特徵。

第三，廣告設計必須富有青春活力、節奏簡潔明快，具有很強的煽動力和情緒感染力。國際上的一些大企業在對青年消費市場進行廣告宣傳時，讓年輕活潑的青年人唱主角，結果取得了顯著的成效。

(三) 中年消費市場

中年消費者一般指年齡在三十至六十歲之間的人。這是一個人數最龐大的消費市場，同時也是一個消費能力極強但又具有自我壓抑特徵的消費者群體。在我國，中年人上有老下有小，經濟負擔較重，雖然經濟收入較高，但直接用於個人自己

的支出並不多，表現出明顯的自我壓抑傾向。同時，由於中年消費者的子女尚未獨立，而父母又步入老年行列，所以中年消費者在家庭消費活動中起著舉足輕重的作用，一般是家庭商品購買的決策者和主要實施者。上述情況說明，中年消費者群體是一個廣闊的消費市場，值得營銷人員進行深入細致的研究。

◆中年的消費特點

中年人一般具有這樣幾個消費特點：

第一，購買時，注重商品的實用性、價格及外觀的統一。豐富的社會經驗和不太寬裕的經濟條件使得中年人購物時再也不像年輕人那樣注重時尚和浪漫，而是更多地關注商品的實際效用、合理的價格和簡潔大方的外觀。

第二，理性消費遠遠超過情緒性消費，計畫消費遠遠超過衝動性消費。因為要全面安排和考慮一家老少的生活問題，考慮子女的升學、就業問題，考慮住房和醫療問題，所以中年人在消費上大多比較理智、慎重、成熟和老練，他們不慕虛榮、不尚時髦，總是有計畫、有目的、有意識地安排自己的消費。

第三，尊重傳統、較為保守，對新產品缺乏足夠的熱情。由於生活的磨難和鍛鍊，中年人對生活的激情和熱望再也沒有青年人那樣豐富和衝動，因此，中年人一般比較尊重傳統，消費活動總要左顧右盼，考慮他人和社會對自己的評價，不免對新產品缺乏足夠的熱情。

第四，注重商品使用的便利性。由於中年人承擔著人生的繁重負擔，無論是事業和工作，還是家庭和生活都充滿了沈重的壓力，因此凡是能夠減輕家務勞動時間或提高工作效率的產品，都容易激起中年消費者的購買欲望。

第五，消費需求穩定而集中，自我消費呈壓抑狀態。中年

人的消費主要集中在家庭建設、子女教育等方面，用於享受和娛樂消遣方面的消費支出並不多，而用於中年人自己的消費支出更是少得可憐。

◆中年用品市場營銷特點

針對中年人的消費行為特點，企業在進行市場營銷工作時，必須注意這樣幾個問題：

第一，中年用品的設計和開發要務實、隨俗，可靠的產品品質和先進的功能是企業營銷工作的基點。另外，產品造型和裝潢既不能過於超前，同時也不能太陳舊。

第二，廣告設計和宣傳最好請使用過某產品的一般民眾現身說法，注意演示的「本分」，防止廣告有「唬弄人」的感覺。

第三，營銷工作要注意引導和轉變中年人自我壓抑的消費傾向。

（四）老年消費市場

老年消費者一般指年齡在六十歲以上的消費者。隨著社會經濟發展水準和人民文化素質的不斷提高，人們的生育觀念不斷向「少子女、無子女」方向轉變，越來越多的人們將重新評估和確立自身存在的價值。因此，人口老齡化不可避免將成為日益突出的社會問題，老年人在總人口中所占比例必將越來越大。另外，由於子女都已成家立業，老年人的家庭經濟負擔已大為減輕，他們有一定的儲蓄可供消費支出。在這種情況下，如何開發和滿足這一潛力巨大的「銀髮市場」，一直是困擾許多企業的難題，因此開展對老年消費者心理與行為特點的研究是非常必要的。

◆老年人的消費行為特點

老年人的消費行為具有如下幾個特點：

第一，消費內容主要集中在飲食、醫療保健和文化娛樂方面。由於生理機能發生了退化，老年人最關心的首要問題是如何能夠延年益壽，如何能夠為社會奉獻自己的餘熱。這種狀況就使得老年人迫切需要有益於自己健康的低糖、低鹽、低膽固醇、多蛋白質的飲食和醫療保健產品。同時，隨著現代觀念的逐步確立，老年人又迫切希望自己的晚年生活能夠豐富多彩，因而在文化娛樂方面也捨得花錢。

第二，消費習慣比較穩定，對產品的品牌忠實性程度很高。由於以往豐富的購買經驗和長期形成的消費習慣，老年人始終對新產品不太放心，而對老字號的產品卻情有獨鍾，有時甚至顯得較為頑固。

第三，追求方便實用，注重產品的品質和功能。進入老年以後再也不像年輕人那樣富於幻想、以情感為主，而是非常理智和成熟。因而他們購買產品時往往極為理智地衡量其質量是否可靠，功能是否方便實用，服務是否周到熱情，手續是否簡便易行。從某種意義上來講，老年人對銷售服務和購物手續的要求甚至超過了中青年人。

◆老年用品市場營銷策略

根據許多企業的營銷經驗，要想在老年市場上進行卓越有成效的營銷活動，必須注意這樣幾個問題：

第一，產品設計和開發要做到品質可靠、安全，一物多用、功能齊全。由於老年人行動不便，他們非常希望自己常用的一些產品能夠有多種用途。比如，大陸有個企業曾經生產過一種多功能手杖，由於該產品具有照明、雨傘、記事本、手杖

等多種功能而暢銷全國。

　　第二，重在售前售後服務，必須做到營銷服務要熱情周到，購物環境要方便舒適。爲老年人開設方便快捷的送貨到家、郵購、函購、網上購物等服務，必將受到老年消費者的熱忱歡迎。

　　第三，開發有利於健康的集保健、自尊和娛樂爲一體的新產品。

　　第四，廣告宣傳避免「青春型」或「美女型」，廣告語速或者文字大小要適中，避免過快、過小。

4.2.2　性別與消費行爲

　　在市場營銷活動中，人們常把性別作爲細分市場的一個重要指標。這主要是因爲性別是導致消費行爲差異的一個主要因素。在現實社會中，人們都把某些相應的心理特徵歸之於男性或女性。例如，人們一般認爲男性具有攻擊性、競爭性、獨立性和自信性，而女性則相對更富有溫柔、整潔、仔細和好說話等特徵。基於此種認識，以往的市場營銷實務常把市場上銷售的許多產品劃分爲女性產品或者男性產品。例如，像刮鬍刀、雪茄、領帶等產品就被人們看成是「男性產品」，而像手鐲、髮膠、吹風機等產品則被看成是「女性產品」。儘管在社會發展過程中人們所頑固堅持的這種兩性行爲模式已經發生了許多明顯的變化，「男性產品」與「女性產品」之間的分界線也已經變得模糊不清了，但是現在仍然有許多企業在市場營銷過程中以此爲細分市場並進行產品生產和廣告設計的理論依據。對於未來的市場營銷人員來說，不僅應該考慮傳統的性別角色模式，

而且也應該注意到性別角色模式的變遷及其對市場營銷的影響。從這個意義上來講，我們首先必須了解和把握現有的男女消費者各自的消費行爲規律。因爲這是進行性別市場營銷的基礎，而且，這些知識對於新產品設計和開發，以及廣告策略的制定都具有十分重要的意義。

（一）男女兩性的消費行為特點

市場營銷心理學的許多研究表明，男性的消費行爲特點與女性有很大差異。這主要表現在下列四個方面：

第一，女性的購買能力和消費意願遠遠大於男性。雖然許多國家都是男性的經濟收入遠高於女性，但男性直接用於購買商品的支出並不多，而是透過女性之手進行消費。換句話說，女性所購買的商品可以分爲兩大部分：一部分自己用，另一部分爲男性代購。這種情況與傳統的男女兩性不同的性別角色分工有關，即「男主外，女主內」。男性把更多的精力和時間用在了爲養家糊口而進行的工作和事業上，而女性則把其主要精力用在了家務事上。

第二，女性的消費需求和購買動機遠比男性更豐富多彩和主動積極。據研究，女性所購家庭日用消費品占全部消費品的54％，而男性所購數量不到20％，其餘爲夫妻兩人共同購買。女性之所以具有旺盛的、遠高於男性的消費需求和積極主動的購買動機，其主要原因就在於女性潛意識中希望透過購物並占有美麗值錢的商品從而實現對自我價值的肯定，或者說以購物來滿足自我成就感。相反，男性則主要是透過工作和事業達到自我價值的肯定，滿足自己的成就感。

第三，在購買決策方面，與女性相比較，男性更富有下列

特點：決策迅速、理智、自主。由於男性的邏輯思維能力強於女性，再加上男性喜歡透過雜誌等媒體廣泛地收集有關某類產品的資訊，同時由於男性主要看重的是產品的品質和功能，而對產品的外觀和包裝則不太注意，因此他們的購買行為不易被周圍環境所左右，衝動性購買少於女性。另外，男性挑選商品比較粗率迅速，缺乏女性那樣的細膩和耐心。

第四，男性消費者的自尊好勝心理遠強於女性，購物時往往不太注意價值問題。由於男性本身所具有的攻擊性和成就欲較強，所以男性購物時喜歡選購高檔氣派的產品，而且不太願意在價格問題上討價還價。這就使得男性在購物時往往出手大方，忌諱別人說自己小氣或者所購產品「不夠氣派」。表4-2概要介紹了男女兩性在消費行為上的主要差異。

（二）白領職業婦女的消費行為特點及其市場營銷策略

近年來，市場營銷人員日益對白領職業婦女這一廣闊的細分市場產生了濃厚的興趣，尤其是年輕的白領職業婦女群體更是一個富有魅力的市場。有研究表明，從二十世紀七〇年代到

表4-2　男女兩性在消費行為上的主要差異

因素	男性	女性
消費需求	較貧乏	強烈、多樣
消費動機	被動、好勝、求名、求實用、價值	主動、靈活、個性化、方便舒適、情感
購買量	較少	很多
消費時尚	不太關注	追逐時尚
購買決策	時間短、迅速、理智、自主	時間長、易衝動、易受暗示
購買過程	速度快、不怎麼挑剔、豪爽	速度慢、挑剔、細致謹慎
購買時機	使用時	平時

九〇年代初，男性消費者閱讀雜誌廣告的人數基本上沒有什麼
變化，而同一時期白領職業婦女閱讀雜誌廣告的人數卻幾乎增
長了兩倍。僅就這一事實就足以說明，白領職業婦女群體是一
個龐大的市場。這主要是因為年輕的和中年的白領職業婦女人
數相當大，而且由於本人擁有一定的經濟收入，所以其購買意
願非常積極，購買力十分可觀。下面我們分別討論白領職業婦
女的消費行為特點與相應的市場營銷策略：

◆白領職業婦女的消費行為特點

　　白領職業婦女由於工作關係和激烈的競爭環境，她們花在
購物上的時間和精力遠少於家庭主婦或者藍領女性職工。換句
話說，她們上班、教學、科研、會議、調研等工作總是沒完沒
了，另外白領職業婦女還想進一步提高自己的能力水準或晉級
加薪，所以她們只能把十分有限的時間進行再分配，結果用於
購物的時間就少得可憐。許多商品又不得不親自去買，但為了
能夠買到稱心如意的商品並儘量降低購買風險，唯一的辦法就
是透過減少單位時間內的購買次數，並透過較強的品牌忠誠或
商店忠誠來實現。也就是說，白領職業婦女的品牌忠誠或商店
忠誠程度遠高於其他的女性消費者，此其一。

　　其二，白領職業婦女購物時間一般是週末或者夜晚，並且
喜歡送貨上門或者網上購物（年輕的白領職業婦女尤其喜歡這
種購物形式）等省時、省力的方式。

　　其三，白領職業婦女購物時喜歡帶著自己的小孩一起前
往，一方面是為了與孩子交流感情，另一方面也是為了讓孩子
學會購買商品。因此，孩子的興趣和愛好將直接影響職業婦女
的購買方向。

◆白領職業婦女細分市場的營銷策略

在婦女市場上進行營銷活動，其策略如下：

第一，必須改變傳統的市場定位策略，要把市場營銷重點由一般婦女更進一步地集中在白領職業婦女市場上，換句話說，企業的市場定位策略應該由養育兒童和家庭轉變爲職業和家庭。這是因爲白領職業婦女的購買潛力遠大於普通婦女，許多企業的營銷實務也表明，市場定位策略爲職業和家庭可能更爲積極有效。據研究，美國市場上購買新款汽車的消費者以白領職業婦女人數增長速度最快。

第二，廣告宣傳策略和表現手法必須適應市場新的變化，才能有效地與白領職業婦女進行溝通。例如，尊重婦女的地位和成就，拋棄過去那種把婦女作爲性對象的廣告策略。

第三，產品設計和開發要注重婦女的成就感，做到方便實用。

第四，產品銷售管道和營銷網路要快捷、便利和優質，以強化職業婦女的品牌忠誠或商店忠誠。

4.2.3　家庭與消費行爲

家庭是每個消費者學會消費、懂得購買商品或服務的最早的「非正式學校」，或者說家庭是兒童消費行爲社會化的第一個場所。在從依賴成人消費到成長爲自主消費的「眞正的」消費者的過程中，家庭扮演了一個非常重要的角色。我們每個人都是家庭的「學生」，透過觀察和模仿成人的消費活動，從中學會了作爲一個消費者所必須具備的技能、知識和態度。由於這種「非正式學校」的風格和傳統不同，在一定意義上，這就使得每

個消費者各自具有不同的消費行為特點，並且在家庭消費活動
中起著不同的作用。同時，家庭也直接影響和左右著消費者個
人的購買數量和消費水準。因此，了解和掌握家庭與消費行為
之間的關係，對於市場營銷人員具有非常重要的意義。

（一）家庭結構與消費行為特點

　　家庭結構是影響消費行為的一個比較主要的因素。所謂的
家庭結構就是家庭成員的組合形式及其相互作用而形成的關係
模式。據我國社會學家們的研究，中國人的家庭結構可以劃分
為這樣四種類型：夫妻家庭、核心家庭、主幹家庭和聯合家
庭。由於前三種類型比較典型且覆蓋面較大，我們這裡只分析
前三種類型。

◆夫妻家庭

　　夫妻家庭僅由夫妻兩人組成。這種家庭要麼是夫妻婚後尚
未生育，要麼是子女成家立業後離家而形成的「空巢」家庭。
一般來說，這種家庭由於少有經濟負擔，有著很強的購買力，
是家具和旅遊的主要消費者。如果是年輕的尚未生育的夫妻，
在購物時他們容易受其他已婚夫妻的勸告和影響，同時一些所
謂的居家雜誌也是他們比較重要的資訊來源。如果是城市的空
巢家庭的夫妻，他們喜歡購買豪華用品、新家具，喜歡旅遊和
度假。年齡較大的夫妻一般把電視作為自己的消費資訊來源。

◆核心家庭

　　典型的核心家庭是由父母及未婚子女構成的。在這種家庭
裡，子女往往是影響家庭消費活動的極為重要的成員。這主要
表現在兩個方面，一是子女的日常開支和教育智力投資成為整
個家庭消費支出的重點，二是子女在家庭購買決策中發揮著越

來越重要的作用。

◆主幹家庭

　　典型的主幹家庭是由父母和一對已婚子女構成的家庭，這種家庭有時甚至還包括其他親屬，如未婚的女兒或者未婚的小兒子。由於這種家庭人數較多，加上存在著其他一些新關係，如姑嫂、叔嫂關係，因此家庭購買決策過程常常因意見分歧而比較漫長。

　　然而，家庭結構類型存在著跨文化的差異，不僅國與國之間存在著差異，而且即使是同一個國家的不同地區也存在著很大差異。例如，在我國城市中核心家庭最為常見，而農村則以主幹家庭最為典型。在美國主幹家庭或者聯合家庭幾乎很少見到，而在注重血緣家庭關係的東方國家則非常多。

(二) 家庭與購買決策

　　許多研究已經表明，家庭在消費者的購買決策的制定和實施過程中發揮著很重要的作用。具體而言，這種作用體現在兩個方面：一方面是不同家庭成員在購買決策中扮演著不同的角色，另一方面不同家庭存在著不同的購買決策類型。下面我們分別予以討論。

◆家庭成員與購買決策角色

　　在消費者的購買決策過程中，不同的家庭成員所扮演的角色有一定的差異。換句話說，家庭成員在購買決策中存在著分工。一般來說，每個家庭成員分別承擔如下一些角色：影響者（給家庭其他成員提供資訊）、資訊過濾者（對流入家庭的有關資訊進行控制和篩選）、最終決策者（有權利對某個商品作出是否購買的最後決策）、購買者（對商品實施實際的購買）、準備

者（把購買來的產品轉換成家庭成員都能夠使用的工具）、使用者（實際使用某種產品或服務的人）、維護者（保證產品能夠不間斷地正常運行）、處理者（提出或執行某項過時產品的淘汰和處理任務）。當然，上述八種角色只是理論上最典型的購買決策過程所存在的分工方式。

實際上，有些購買決策過程並不要求所有這些角色都存在，比如一些簡單的常規購買或日用品購買。在大部分情況下，每個家庭成員都承擔著好幾個角色，比如丈夫既是購買汽車的影響者，同時又是汽車的實際購買者和維護者；在另外一些購買決策過程中，有好幾個家庭成員共同承擔著某一種角色，比如丈夫和妻子共同做出購買住宅的最終決策。

◆家庭成員解決決策衝突的策略

在作出購買決策的過程中，由於資訊和經驗等因素的影響，家庭成員之間經常存在著意見分歧，因此不論是丈夫還是妻子或者是孩子都想透過一定的方式影響對方，或者說服對方同意自己的觀點，以便作出從自己的立場來看是最好的決策。例如，到底到什麼地方去吃晚餐，然後去哪個電影院看電影等就是人們常常碰到的有可能產生分歧的問題。下面是人們解決諸如此類的問題所常用的一些策略：

1.專家式：家庭成員中的某一方利用自己掌握的大量資訊和優勢經驗勸導、說服另一方同意自己的選擇。

2.合法式：家庭成員中的某一方利用自己在某項家務勞動中所占據的主導地位影響或說服另一方同意或服從自己的選擇。

3.契約式：透過討價還價或雙方預定從而按時間先後順序或

者其他條件逐步實現各自的選擇。

4.獎勵式：家庭成員中的某一方利用獎酬的方法影響或說服對方同意自己的選擇。

5.情感式：一方利用感情手段打動對方，使之同意自己的選擇。

6.強迫式：家庭成員中的任何一方利用自己的某種優越性或實力強迫他人同意自己的選擇。

◆家庭購買決策類型

在家庭購買決策過程中，市場營銷人員最感興趣的是，到底丈夫具有較大的影響力還是妻子享有較大的影響力？一系列的研究已經表明，家庭購買決策模式可以劃分爲這樣四種類型：(1)丈夫支配型，即丈夫在家庭購買決策中起著決定性作用；(2)妻子支配型，即妻子在家庭購買決策中起著決定性作用；(3)共同決定型，即夫妻雙方協商決定購買什麼商品、何時購買、在什麼地方購買等問題；(4)自主決定型，即家庭成員尤其是夫妻雙方中的任何一方都可以根據自己的觀點和判斷自行決定購買有關的商品。當然，上述四種購買決策類型在實際生活中經常會隨著所購買的商品不同、家庭性別角色結構不同、購買決策的不同階段等因素而出現變化。換句話說，家庭購買決策類型在很大程度上直接取決於一系列仲介因素的影響。

第一，隨著將要購買的商品或者服務不同，各家庭成員在購買決策中所起的作用不盡相同。例如，購買汽車、人身保險、家庭體育鍛鍊器材等商品時丈夫所起的作用可能更大一些；而購買像衣服、食品、洗衣機和廚房用品等家庭日常用品時妻子可能更有影響力；購買像住房、室內裝潢、旅遊等產品

或服務時夫妻雙方幾乎擁有同等的決策權；但是像刮鬍刀等男性專用商品或者像衛生棉等女性專用商品則是使用者自主決定的。總之，因為商品的用途、價格、功能和感覺到的風險等產品本身的因素不同，家庭成員在購買決策中所起的作用必將有所差異。就目前的發展趨勢而言，隨著女性社會地位和經濟地位的日益提高，似乎全世界正朝著女性支配型方向發展，女性在各種家用商品和服務的購買決策中所起的作用越來越突出。有許多商品的購買決策表面上看起來好像是男性或丈夫作出的，但實際上卻是女性或妻子在幕後發揮了決定性的影響。

第二，隨著家庭之間的性別角色模式不同，各家庭成員在購買決策中所起的作用也不盡相同。在那些具有更現代化家庭性別角色模式的家庭裡，女性與男性享有平等的社會經濟地位和家庭地位，在這樣的家庭裡凡是購買大件商品一般都是夫妻雙方透過平等協商作出購買決策，而在這樣的家庭裡凡是購買小件商品則大多是由家庭成員自主決定。在那些具有更傳統的家庭性別角色模式的家庭裡，丈夫享有遠比妻子更高的社會經濟地位和家庭地位，因此家用商品尤其是大件耐用商品的購買一般是由丈夫決定的，妻子只能發揮建議者和諮詢者的作用。

第三，隨著文化背景的不同，購買決策的類型也存在著很大差異。例如，在亞裔美國人家庭裡丈夫起著主要的購買決策者的作用，而在歐洲裔的美國人家庭裡，夫妻共同平等協商作出購買決策；在欠發達或者不發達的國家裡，丈夫一般扮演著購買決策者的角色，而在發達國家裡一般是夫妻雙方共同協商決策。

第四，隨著次文化背景的不同，家庭成員在購買決策中所起的作用也不盡相同。例如，宗教信仰就是一種次文化因素。

據報導，在天主教和其他一些宗教氣氛很濃的家庭裡，丈夫在購買決策上一般具有更大的影響力；而在猶太教和不信仰宗教的家庭裡，夫妻雙方一般是實行共同決策，以決定是否購買或什麼時候進行購買。

第五，處於購買決策的不同階段，各家庭成員所起的作用也不同。一般來說，如果在購買決策的第一階段起什麼作用，那麼在購買決策的其他階段相應的也起同樣的作用。比如，在購買決策的第一階段──「問題識別」階段，丈夫起了主要作用，那麼在搜尋資訊階段和最終決策階段丈夫也將起著主要作用。然而，在某些特殊情況下，家庭成員在購買決策的不同階段起著明顯不同的作用。例如，丈夫一般在收集資訊階段扮演著極為重要的角色，而妻子則在最終決策上起著越來越大的影響作用。

第六，在各種家務勞動分工中，每個家庭成員所處的地位也會影響各自的購買決策權。一般來說，在某項家務勞動中居於支配地位或者說是某項家務勞動的主要承擔者，他們在與此類家務勞動有關的購買決策中必將起到主要決策者的作用，其他家庭成員只能起輔助或次要的作用。

◆家庭生命週期與消費行為

所謂的家庭生命週期是指一個家庭從建立、發展到最終解體的整個過程。在市場營銷心理學中，一般常用人口統計學的四個變數即家庭婚姻狀況、家庭規模、家庭成員的年齡和家庭成員的職業狀況把家庭生命週期劃分為五個階段：依次是單身期、新婚期、父母期或滿巢期、後父母期或空巢期、解體期。下面我們簡要予以討論。

第一，單身期是指離開父母而單獨生活的已經成年的年輕

人。這個階段的年輕人由於經濟上已經獨立，但因為尚未成家，所以其消費內容除基本的日常花費以外，大量的消費集中在娛樂、時裝、化妝品、旅遊和社交上，是房屋租賃、基本家具、交通工具、集會和學習用品的主要消費者。從市場營銷的角度來看，這是一個相對比較容易影響和左右的細分市場，因為單身期的消費者喜歡閱讀大量的報刊雜誌，從中尋求自己喜歡的產品資訊。

第二，新婚期是指從結婚開始一直到第一個孩子出生前的一段時間。這個時期的消費者為了小家庭的「基本建設」而大量購買家具、室內裝飾、家用電器和食具等家庭用品。由於尚無孩子拖累，再加上擁有大量的休閒時間，所以對於娛樂性消費也非常鍾情。這個階段的消費者往往把其他已婚夫妻的建議和勸告作為自己重要的資訊來源，同時他們也特別重視那些所謂的居室裝潢方面的雜誌並從中尋求有關資訊。

第三，父母期或滿巢期是指從第一個孩子出生一直到孩子離家獨立生活前為止的一段時間。這是一個時間跨度最長的階段，一般大約有二十至三十年時間。隨著孩子的出生，家庭的生活方式也隨之發生了很大變化，孩子已經變成整個家庭消費的核心，以前投向娛樂和旅遊的消費支出完全轉向了兒童食品、衣物、玩具、醫療和教育等方面的消費。這一時期也是人身保險、家用電器的主要消費者。然而，這個階段最大的消費支出還在於孩子的教育和智力投資上。

第四，後父母期或空巢期是指從子女離家獨立生活到父母一方或者雙方都已退休這一段時間。就城市目前的情況來看，這個階段實質上也是家庭的「第二次誕生」。因為父母又重新獲得了生活的自由，他們可以自由地支配自己的時間和經濟收

入，但由於身體健康狀況每下愈況，所以這一時期家庭的主要
消費內容是旅遊、文化娛樂、保健用品、醫療等。許多家庭還
要爲子女結婚做準備，因此也是婚姻用品市場的主要消費者。
另外，有些老年人因爲經濟條件和身體狀況都比較好，希望能
夠舒服安逸地重新享受生活，所以對新家具、高檔用品的消費
支出也相當可觀。這個階段電視逐漸成爲消費資訊的主要來
源，書報雜誌慢慢退居其次。

　　第五，解體期是指從夫妻中的一方因年老體衰而去世開始
一直到另一方也去世爲止的一段時間。這是一個所謂的「純消
費需要」階段，衣食住行等方面的消費需求正在迅速衰退，而
老年保健、醫療和精神寄託則成爲最主要的消費內容。因此，
這個階段是心理保健和精神服務的最大消費市場。

4.3　銷售環境與消費心理

　　產品或服務的銷售環境狀況是市場定位策略必須考慮的一
個重要問題，因爲它是直接影響消費者購買行爲的一個重要因
素。如果說在實體產品銷售過程中，銷售環境的好壞只是直接
影響消費者判斷產品品質、功能、企業信譽、購買風險的一個
重要因素，那麼在提供無形產品的服務機構，銷售環境的好壞
在某種程度上就成爲消費者判斷服務品質、企業信譽、購買風
險的唯一標準，因爲後者很少或者再沒有其他的標準可以幫助
消費者作出與購買有關的判斷。因此，深入研究銷售環境問題
對於更好地開展營銷活動具有十分重要的意義。所謂的銷售環
境是指有形的實體產品（如汽車、電視等）和無形的服務產品

（如理髮、精神按摩等）賴以銷售的場所、工作人員、設備、精
神氛圍、溝通資料等所具有的特點及其服務品質。以往的市場
營銷心理學在提到銷售環境時只限於前者，實質上隨著社會經
濟文化的發展，已經有越來越多的企業專門從事提供無形的服
務產品工作。換句話說，專門提供無形產品和服務的機構正在
以驚人的速度發展，因此，像醫院、學校、律師事務所、銀行
等服務業如何進行有別於提供實體產品的企業的營銷活動，是
現代社會擺在我們每一個市場營銷研究人員面前的重要課題。
下面我們結合實體產品銷售和服務產品銷售討論產品或服務的
銷售環境問題。

4.3.1　產品與服務的特點及其營銷策略

　　實體產品與無形的服務產品之間存在著許多差異。這些差
異可以概括為如下四點：

（一）有形與無形

　　實體產品是人們能夠看得見、摸得著的實實在在的物品，
而服務則是看不見、摸不著的無形的東西。因此，如果說實體
產品的營銷重在產品品質和功能，重在進行外部營銷活動，也
就是人們常說的產品、價格、分銷和促銷等常規工作，其次才
是對企業內部員工進行培訓和激勵，使其能夠提供優良服務品
質和服務環境的內部營銷活動，那麼與此相反，無形的服務產
品的營銷則重在服務品質和服務環境，重在進行內部營銷活
動，使企業員工能夠積極地為消費者提供優良可靠的服務和舒
適可信的銷售環境，其次才是產品、價格、分銷和促銷等外部

營銷活動。這是因為前者具有很大的確定性，消費者易於從許多客觀的指標中對產品品質和購買風險作出有效的判斷；後者卻具有很大的不確定性，消費者只能從他們看到的購買場所、工作人員、設備、精神氛圍、溝通資料等方面間接地去尋求服務品質和購買風險的證據或標誌，以此作出相應的判斷。所以，實體產品的營銷要重視銷售環境，無形服務產品的營銷更是把銷售環境作為極為重要的營銷策略加以重視。

（二）可分離性與不可分離性

實體產品的生產與消費是相互分離的，先由企業製造出來，然後逐級進入銷售和消費；無形的服務產品的生產與消費卻是不可分離的，這種產品生產的同時也就被消費者購買並加以消費了。此外，實體產品一旦製造出來以後，銷售與購買之間的關係並不會影響產品本身，或者說產品進入銷售領域之後，營銷人員與消費者之間所發生的相互作用絕不會就地改變產品本身，它只能影響消費者的購買行為；然而，服務產品的生產過程同時也就是它的消費過程，這種產品的生產者與其消費者不僅同時在場，而且生產者與消費者之間將會產生相互作用關係。這種相互作用不僅影響或改變服務產品本身，而且也會影響消費者的購買行為。因此，產品銷售場所此時此地的相互作用是服務產品營銷的一大特色。正因為這樣，所以在服務產品市場上除進行內外部營銷以外，還必須進行相互作用營銷，用優質高水準的專業技術和高度可信的服務態度為顧客提供服務。

如果進行更進一步的分析，我們就可以發現：所謂的生產者與消費者之間的相互作用實質上就是銷售場所的物質設備和

雙方的人員素質所產生的精神氛圍，以及由此對雙方心理的和
精神的影響作用。換句話說，雙方的相互作用是在某種具體的
銷售環境中產生、發展和演變的。從這個意義上來說，實體產
品銷售雖然不可避免地也受到具體的銷售環境的影響，但是服
務產品的銷售在某種意義上卻是由銷售環境直接決定的。

（三）穩定性與可變性

　　實體產品到達銷售領域之後，其產品品質本身是穩定不變
的，不論是哪一個營銷人員提供該產品，它都不會改變產品本
身的品質。然而，服務產品本身卻具有很大的可變性，其品質
取決於由誰來提供以及在何時和何地提供。因此，實體產品的
品質可由企業透過一系列公認的標準化措施加以控制，因而產
品品質易於控制且比較有保障，而服務產品的品質卻難以控制
和保障。它只能透過如下三個營銷措施來加以保證：第一，投
資於選拔優秀的員工並進行在職培訓，使自己的每一個員工都
有良好的職業素質並能夠讓消費者滿意。第二，在組織內部將
服務實施過程標準化，其中也包括服務設施的標準化。第三，
建立顧客建議和投訴系統，消除顧客的不滿情緒。就本質而
言，這三個營銷措施都與銷售環境有著不可分割的聯繫，或者
說就是營銷環境的必要組成部分。

（四）存儲性與易消失性

　　實體產品生產出來之後可能進行儲存，然後根據各地或者
各個時期的消費市場的需求特點對產品的市場投放量進行調
控，使之供需平衡，作到「淡季不淡，旺季有貨」。然而，服務
產品生產的同時也就正在被顧客所消費，因此它是無法儲存

的。在市場營銷過程中，服務產品的這種易消失性與企業有效地調節供求關係形成了尖銳的矛盾。要想有效地調節服務產品市場的消費需求與供給之間的矛盾，首先必須設置基本的銷售「硬」環境，為消費者提供舒適優美和方便快捷的物質設施。需求過於旺盛時，可用臨時服務設施、臨時服務人員和其他一些補充服務為消費者提供服務，並儘可能增加服務的附加價值。其次，用差別定價法和服務產品預定法來調節消費需求。

4.3.2 不同產品銷售環境的要求和標準

市場營銷心理學的研究表明，不同的產品所要求的銷售環境有很大的差異。這些差異大致可以劃分為三種類型：一是實體產品與服務產品之間的銷售環境上存在著明顯的差異，二是各種實體產品內部在銷售環境上存在著差異，三是各種服務產品內部在銷售環境上存在著差異。下面我們分別予以討論。

(一) 實體產品與服務產品之間在銷售環境上的差異

前者要求購買環境既要舒適滿意，又要便於不同產品的識別和比較，因此明快的輕音樂、寬敞亮麗的場所、柔和而又富有想像力的燈光以及個性化的產品布局將是實體產品銷售所必須具備的最基本的環境要求。服務產品的銷售環境本身就是產品品質的重要組成部分，要求購買環境既要舒適滿意，又要與服務相匹配，便於消費者保護自己的隱私，因此充分的個人空間和安全的服務過程是消費者購買服務產品所必須具備的環境條件。另外，由於實體產品的品質和功能等屬性易於在使用和消耗之前被消費者本人評估和把握，而服務產品的品質和滿意

程度則要在使用和消耗過程中間甚至在使用和消耗結束之後才能作出有限的評估。因此，前者的環境要求重在用各種方法襯托和美化產品本身，而後者的環境要求則重在服務產品提供者的技術和人格的可信度上。當然，這兩類產品的銷售環境都要求高素質的營銷人員，但其各自的側重點不同。

（二）各種實體產品內部在銷售環境上的差異

人們都知道，電視機與住房、汽車與饅頭……的購買環境之間存在著明顯的差異。一般來說，越是價格低廉的大眾用品對營銷環境的要求也就越低，重在潔淨和快速方便；越是高檔的豪華用品對銷售環境的要求就越高，重在安全舒適和保密。

（三）各種服務產品內部在銷售環境上的差異

服務產品的範圍很廣，而且隨著社會的發展其形式將會越來越豐富多彩。就一般的原則而言，凡是專業化程度越高的服務產品，對服務提供者的專業技術水準和人格要求也就越高，如法律諮詢、銀行、私人診所等，同時也要求這類服務產品能夠提供有利於保護消費者個人隱私的安全環境。據專家研究，銀行銷售環境按重要性程度依次包括下列主要成分：隱秘性、方便和高效率、室內物質條件（如燈光、室溫）、室內社會條件（其他顧客和銀行職員的言行舉止）、美學條件（室內裝潢的顏色、藝術品）。反之，像理髮、度假等服務產品對提供服務的物質環境要求較高，而對服務提供者的個人可信度的要求並不像前者那麼嚴格。

4.4 市場價格的心理分析

產品或服務的價格是影響消費者購買心理的一個很敏感的因素。一個產品的價格制定得是否合理，將直接影響消費者對該產品的認可和購買行為，換句話說，產品價格是左右產品能否暢銷的一個極為重要的因素。從經濟學角度來講，產品或服務的價格是其價值的貨幣表現形式。然而，許多企業的一系列實踐表明，如果我們僅僅以產品自身的價值和市場供需關係為基礎來制定產品的價格，不同時考慮影響定價的消費者心理因素問題，那麼不論是什麼類型的產品都不可能成為消費者廣泛接受和暢銷的產品。

4.4.1 商品價格的心理功能

雖然價格是商品價值的貨幣表現，但實際生活中消費者購物時有時並不以商品的價值來衡量商品的好壞及其價格高低。例如，消費市場常常會出現如下一些「怪」現象：某些產品的價格從理論上看雖然定得比較「不合理」但卻深受消費者歡迎，而某些從理論上來看完全合理的價格卻無法得到消費者的認同。同一產品的同一價格有些人能夠接受而另外一些人則根本無法承受。那麼，到底是什麼原因導致了消費者對價格的這種明顯不同的心理反應呢？這就是我們下面將要討論的價格的心理功能問題。

（一）衡量品質和價值的功能

由於普通消費者的經濟學知識有限，再加上對大部分產品的生產工藝和專業技術特點缺乏了解，因此只能以產品的價格來衡量產品的品質和價值。換句話說，普通消費者把商品的價格看成是商品價值高低和品質優劣的衡量標準，認為價格較高的商品其價值和品質都較高，而價格較低的商品其價值和品質也較差，這就是常言說的「一分錢，一分貨」、「便宜沒好貨，好貨不便宜」。隨著科學技術的進步和現代社會的飛速發展，產品的生產工藝將日益專業化，新產品更是層出不窮，一般消費者更是難以了解商品的實際價值和品質，因此價格必將會成為許多消費者衡量商品價值和品質的最重要的標準。

（二）象徵身分和個性的功能

消費者購買「合適價格的」商品的目的不僅是為了滿足自己最基本和最迫切的需要，而且也是為了滿足自己的某種社會心理需要。換句話說，消費者購物時常常把商品的價格高低與其自身的某些願望、偏好、情趣和個性特徵聯繫在一起，以價格的高低來標誌或象徵自己的社會經濟地位和個性特徵，並滿足自己的某些特殊需要，因此商品價格具有象徵身分和個性特徵的功能。例如，許多消費者不願意到地攤或者小商店去購物，更不願意購買那些廉價的處理品，認為這有損於自己的社會地位；他們特別鍾情於購買高價或高檔商品，認為這符合自己的社會經濟地位和身分，以滿足自己的炫耀和自我肯定的心理需要。還有些消費者本身並不喜歡看書，但卻購置了大量的裝潢精美、價格不菲的世界文學名著和大部頭工具書擺在房間

裡，雖然他們未必看一頁，但卻希望藉此來顯示自己的風雅和
高層次。上述現象實質上就是價格的象徵功能。

(三) 調節消費需求的功能

經濟學家們認為，「在其他條件保持不變的情況下，價格
與消費需求成反比。」用通俗的話來說，在產品的品質、功
能、銷售地點、付款條件等等因素完全一致或者穩定的情況
下，當商品的價格上漲時，市場消費需求量將會下降；當商品
的價格下調時，市場消費需求量將會增加。這就是商品價格所
具有的調節消費需求的功能。當然，商品價格所具有的這種調
節功能的大小，在很大程度上又受商品需求彈性大小制約。一
般來說，像油鹽醬醋等日常生活必需品的需求彈性較小，因而
受價格變動的影響也較小；而像時裝等奢侈品的需求彈性較
大，因而受價格變動的影響也就較大。

4.4.2　商品定價和調價的心理策略

(一) 商品定價策略

由於產品種類、產品的生命週期、競爭者、消費者的需求
和偏好等因素不同，所以產品定價的心理策略也隨之不同。下
面是一些常用的心理定價策略：

◆ 撇油定價策略

這是一種隨時間推移，高檔新產品銷售採取先高價後低價
的價格策略。當企業生產出某種高檔的新產品之後，此時由於
技術等原因市場上尚未出現競爭者，也沒有相關的替代品，這

種情況下企業就可以給自己的新產品定一個較高的價格，以便獲取鉅額利潤，保證儘快收回研製成本。隨著競爭者的出現，企業可以逐步降低價格以保證自己的市場占有率。這種先高後低的定價策略就像人們從鮮奶中撇取奶油一樣，從多到少，從有到無，因此被稱之為「撇油定價策略」。

◆滲透定價策略

　　這種定價策略正好與撇油定價策略相反，指日常生活中必需的某些新產品一開始以優質低價進入市場，待占領市場以後再逐步提高價格以打敗競爭對手。這種策略適合於那些日常生活中非用不可，但又沒有替代品的新產品。

◆反向定價策略

　　企業為了適應市場競爭的需要，首先對消費者進行市場調查，了解市場對某種產品的期望零售價格（消費者願意為某種產品所付的平均價格），然後據此倒算出新產品的生產成本和品質規格並組織生產。這種方法不同於常規的以產品定價格的做法，而是以價格定產品（品質、功能），符合消費者的購買能力和購買心理，且能夠在較大水準上滿足消費者的心理需要，因而這種方法又叫做「滿意定價策略」。

◆非整數定價策略

　　企業對已經進入市場的許多成熟的產品常常制定一個帶有零頭數結尾的非整數價格，使價格的最後一位數是奇數（如一、三、五、七、九）或者接近於零（如九十七、九十九）。這種定價策略就叫「非整數定價策略」，它是一種利用消費者的價格知覺差異所產生的錯覺來刺激消費的定價策略。目前，這種定價策略在國際市場營銷活動中十分流行。但由於文化差異，各個國家或地區在實際應用此法時也存在一些差異。例如，美

國市場上零售價為四十九美分的商品,其市場占有率不但遠遠超過五十美分的,而且也比四十八美分的為多。日本市場上則以八為末尾數的商品價格比較受人歡迎。

◆習慣價格策略

由於市場上某些產品的價格長期以來一直維持在某個水準上,消費者已經完全習慣了這個價格,甚至在心理上產生了這樣的看法:該價格就是「天經地義的」。企業為了能夠繼續占領有關市場,採取適應消費者的這種價格習慣心理的定價策略,在較長時期內保持某些產品的價格穩定不變,以滿足消費者的某些心理需要並戰勝競爭對手。這種定價策略就叫做「習慣價格策略」,它特別適合於那些關係國計民生的日用消費品。

◆聲威定價策略

名牌產品可以利用自己在同類產品中的聲威,採用較高的統一價格限量在世界各地銷售,從而使擁有該產品的消費者產生一種高貴的和自豪的心理。這種價格策略就叫做「聲威定價策略」,它只適合於世界著名品牌。這種定價策略有助於進一步提高產品及其承銷商的聲威。

◆方便價格策略

企業在經營某些價格特別高或特別低的產品時,往往有意識地採用一個整數價格進行銷售,其目的一是為了消費者能夠牢牢地記住有關產品,二是為了便利購銷雙方結帳,因此,這種定價策略就叫做「方便價格策略」。

◆折扣價格策略

企業為了促銷,常常將商品價格打折扣或者採用折讓的方法進行銷售。這種定價策略就叫做「折扣價格策略」,其目的是為了吸引更多的消費者前來購買,從而擴大市場占有率或者加

快資金周轉。商品折扣程度以既能夠引起消費者的注意，同時
又要避免消費者對此產生疑慮爲好，許多企業的經驗標準是以
降價20％至30％爲宜，超過40％的降價往往會使消費者懷疑商
品本身的使用價值而拒絕購買。

（二）折扣銷售對消費者購買行爲的影響

在我國目前的商業企業中，似乎存在這樣一種認識錯誤：
只有折扣銷售才能吸引消費者作出購買決策。因此，許多商場
爭相採用折扣銷售，而且折扣水準一家比一家大。實際情況到
底如何呢？折扣銷售折到什麼程度最有利於產品銷售？折扣銷
售到底對不同類型的產品和不同特徵的消費者有何影響？對
此，有人在俞文釗教授的指導下進行了實證研究，下面簡要介
紹這方面的研究成果。

◆心理準備狀態與折扣銷售的關係

消費者對某產品的原有心理準備狀態不同，折扣銷售對購
買行爲的影響也就存在很大差異。折扣銷售對那些原來就準備
購買的人影響最大，其次是原來沒有想到過是否購買的人，而
對那些原來就不準備購買的人來說影響最小。

◆折扣銷售對促銷各種商品的相對效果

折扣銷售的效果因產品類型不同而不同。如果我們按照促
銷效果的大小來排列，則依次是：日用小商品、中級時裝、普
通時裝、小包裝食品、高檔耐用消費品、高級時裝、營養滋補
品、名煙名酒、化妝品。

◆對不同折扣程度的反應

圖4-7表現了消費者對不同商品的各種折扣水準所作出的行
爲反應。從圖上可以得出這樣幾個結論：

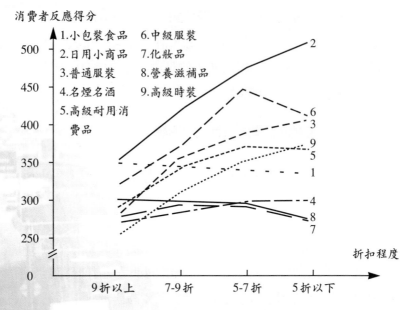

消費者反應得分

1.小包裝食品　6.中級服裝
2.日用小商品　7.化妝品
3.普通服裝　　8.營養滋補品
4.名煙名酒　　9.高級時裝
5.高級耐用消
　費品

折扣程度

9折以上　　7-9折　　5-7折　　5折以下

圖4-7　消費者對不同商品的各種折扣銷售時的反應曲線圖

第一，對於小包裝食品、名煙名酒、營養滋補品和化妝品而言，折扣銷售並不能有效地刺激消費需求或促使消費者採取購買行為。對於小包裝食品來說，隨著折扣程度的增大，其購買量反而呈下降趨勢；營養滋補品和化妝品的購買量隨折扣程度增大有顯著下降趨勢。

第二，中級時裝和高級耐用消費品的折扣程度在六折以上時，購買量隨折扣程度的增大而遞增；但在六折以下時，消費者的購買欲望反而明顯減弱。

第三，普通時裝、高級時裝和日用小商品的折扣銷售效用最為明顯，折扣程度越大越能夠促進銷售。日用小商品受折扣程度的影響尤為顯著。

表4-3　折扣銷售對不同收入者的影響

收入水準（人均）	折扣銷售對購買行爲促進的相對效果
200-400元	最大
400-600元	較大
600元以上	最小

表4-4　折扣銷售對不同年齡組人群的影響

年齡	折扣銷售對購買行爲促進的相對效果
青年組（20-35）	最大
中老年組（36-60）	最小

◆不同收入水準對折扣銷售的反應

　　表4-3顯示了折扣銷售對不同收入水準的消費者的影響程度。從表上可以看出，折扣銷售對低收入者有影響，對高收入者影響甚小。

　　年齡對折扣銷售的反應。如表4-4所示，折扣銷售對青年人的影響比對中老年人顯得更爲有效。

　　性格類型對折扣銷售的反應。研究表明，性格類型對折扣銷售的反應影響不明顯。

本章摘要

◆市場細分具有很大的優越性，對市場細分的原理和方法的適當應用會給企業創造機會。

◆市場消費心理的微觀分析包括消費者的年齡、性別、家庭等個體因素是如何影響消費行為的環境。

◆商品價格具有三種心理功能：衡量品質和價值、象徵身分和個性、調節消費需求。

◆一些常見的商品定價和調價的心理策略有：撇油定價、滲透定價、反向定價、非整數定價、習慣價格、聲威定價、方便價格、折扣價格等。

思考與探索

1. 試述市場細分的程序和依據。
2. 如何評估和選擇細分市場？
3. 舉例說明，如何根據對市場消費心理的微觀分析來進行有效的營銷。
4. 簡述商品定價和調價的心理策略有哪些，可舉一商品營銷的實例分析其中的一種策略。

第5章
市場營銷中消費者的購買行爲與
推銷模式

　　消費者購買行為分析是市場營銷工作中必不可少的一個重要環節。我們大家知道，市場營銷的目的就在於最大限度地去滿足消費者的各種需要，而要想達到此目的，首先必須深入了解和研究消費者本身及其購買行為規律。換句話說，認識和研究消費者的購買行為規律是做好新產品開發、生產特色產品等一切市場營銷工作的起點。下面我們具體討論與消費者的購買行為有關的一些問題。

5.1　消費者購買行為理論

　　市場營銷研究人員和營銷實務工作者最感興趣的是，消費者的購買行為是否有規律可循？在探索購買行為規律的過程中，學者們從各種角度提出了一些解釋消費者購買行為的理論框架。這些理論框架的主要目的就在於說明消費者為什麼要購買某種商品？他們為什麼在此時此地購買，而不在彼時彼地購買？消費者的購買行為能否預測和控制？諸如此類的問題。下面我們主要介紹行為學派的習慣養成理論、認知學派的訊息加工理論、社會學派的風險控制理論、經濟學派的邊際效用理論等四種理論模型。

5.1.1　習慣養成理論

　　習慣養成理論是行為主義學派提出來的。該理論認為，不論消費者是否了解某商品的有關訊息，在某些內外界刺激物如需要、動機、廣告、商品款式等的刺激下，只要消費者對該商

品進行嘗試購買並多次使用，假如他們在購買和使用的過程中由於商品品質可靠或者使用經驗滿意（強化），那麼這種滿意感必將促使消費者對該商品產生更濃厚的喜好與興趣。當消費者再次見到該商品或產生了重新購買該商品的消費需求時，就會自然而然地再去購買它，從而形成一種牢固的反覆購買某商品的習慣。因此，消費者的購買行為實際上是重複購買並形成習慣的過程，是透過學習逐步建立穩固的條件反射的過程。例如，人們日常生活中常用的許多商品，如調味品、洗滌用品等都是經嘗試購買發現使用效果滿意，而後反覆購買，每次都得到了滿意的或者肯定的體驗，最終形成了牢固的「商品—購買」的條件反射。只要有相應的需要，就會毫不猶豫地掏錢購買自己認定的產品。

綜上所述，習慣養成理論的主要觀點有如下三點：第一，嘗試購買並多次使用，有助於形成對某商品的喜好和興趣；第二，消費者對某商品的購買行為直接決定於「商品—購買」這一刺激—反應鏈的鞏固程度；第三，強化是形成習慣性購買行為的必要條件。

習慣養成理論確實可以用來解釋現實生活中的許多購買行為，尤其是人們的習慣性購買行為。例如，人們對日用消費品的購買就其實質而言確實是一種購買習慣形成的過程。但是，除此以外，習慣養成理論並不能解釋許多更複雜的購買行為，如衝動性購買、仔細選擇的購買等。換句話說，習慣養成理論只能解釋那些產品之間差異很小的低捲入的購買行為，而無法解釋品牌之間差異很大的高捲入的購買行為。此外，習慣養成理論也比較適合解釋那些「覺察到的購買風險一般比他人都要高的」消費者的購買行為，因為這類高知覺風險的消費者通常

重複購買自己經常使用過的產品。

5.1.2　訊息加工理論

　　訊息加工理論是近年來在市場營銷心理學中比較流行的一種理論模型，許多人都用它來解釋消費者的購買行為。我們後面將要提到的幾種購買行為模式，如恩格爾模式、沃茲模式、安德森模式等，它們的理論基礎實質上都是訊息加工理論。訊息加工理論的核心是把消費行為看成是一個資訊處理過程，或者說把購買行為看作是資訊的輸入、編碼、加工、儲存、提取和使用的過程。一般來說，持這種觀點的人都認為從消費者接受來自各種管道的商品資訊開始，中間經過消費者對資訊的選擇性注意、選擇性加工、選擇性保持，直至最後作出購買決定並付諸實施，這整個過程始終是與訊息的加工和處理直接相關的。簡而言之，整個訊息加工的過程如果用心理學術語來描述，實質上就是外界刺激引起了消費者的注意，經大腦對刺激訊息的加工處理，逐漸使消費者形成了有關產品的知覺、表象、記憶、思維和態度，並進而影響購買決定的作出。當然，消費者作出購買決定的過程實質上也是一個選擇商品品牌的過程，看哪一種品牌比較符合消費者的購買準則和評估標準。

　　由於許多市場營銷心理學教材都不厭其煩地詳細介紹了訊息加工理論的細節，所以我們這裡不另贅述。但是，必須指出的是，購買行為的訊息加工理論把消費者看作是一個自動化的訊息處理器，他們總是理智地評估有關的一切資訊，並作出理智的和最滿意的購買決定。但是事實上，每個消費者都是一個有血有肉的凡人，是一個帶有隨機性、偶然性、情緒性和衝動

性特徵的社會性動物。既然消費者並不是精確和客觀的「電腦」，既然消費者具有許多非理性的特徵，既然消費者是一種社會「動物」，那麼他們就必然具有訊息加工理論無法解釋的衝動性、情緒性或隨機性購買行為。因此，這種理論觀點只能用來解釋那些受過良好教育的、高度捲入的消費者的購買行為，而無法很好地解釋受教育程度較低、低捲入的消費者的購買行為。對於那些製造技術或工藝複雜的又是第一次購買的產品，或者消費者完全陌生的產品，或者覺察到的購買風險較大的產品，消費者的購買行為確實適合於用訊息加工理論來說明；但對於那些日常生活用品來說，或者對於哪些消費者完全熟悉的產品來說，或者對於那些消費者特別信賴的產品來說，消費者的購買行為就無法用訊息加工理論來加以說明和解釋。

5.1.3　風險控制理論

風險控制理論認為，消費者購買商品時常常面臨著各種各樣的風險，而這種風險及人的心理承受能力是影響消費行為的一個重要因素。這裡所謂的風險是指消費者在購物時，由於無法預測購買後的結果是否令自己滿意而面臨或體驗到的不確定性。在這裡我們必須強調指出的是，不管現實生活中是否真的存在購買風險，也只有那些被消費者覺察到的風險才會影響購買行為。反之，即使現實生活中確實存在很大的購買風險，但如果消費者並沒有體會到它，那麼這種購買風險將不會影響消費行為，此時就像不存在購買風險一樣。還必須指出的是，消費者體驗到的購買風險與購買商品時所支付的金額大小並沒有直接的相關，因此對於某些人來說，購買衣服和購買電視機承

受著同樣大小的購買風險。

風險控制理論認為，消費者購物時承受的風險主要有如下六種類型：

1. 產品功能風險，即產品運行或使用時有沒有預想的那麼好。
2. 生理健康風險，即產品使用時是否會影響自己和他人的身體健康。
3. 經濟風險，即花費這麼多錢購買該產品是否值得。
4. 社會風險，即購買該產品是否會引起他人的非議和責難並使自己陷於尷尬。
5. 心理風險，即購買該產品是否會損害自我形象。
6. 時間風險，即如果購買的產品沒有預想的好，那麼花費在購買該產品上的時間就不划算。

風險控制理論認為，個體所體驗到的購買風險水準受到許多因素的影響：一是因產品不同風險水準也就不同。有些產品的購買風險遠遠大於另外一些產品，例如，彩色電視機的購買風險就大於電話答錄機。二是實體產品與服務產品之間存在著不同的購買風險，一般來說服務產品的購買風險遠大於實體產品。三是消費者所體驗到的這種風險是因人而異的，而且每個消費者的風險承受能力也存在著很大差異。四是購買風險與產品購買場所有一定的關係。一般來說，有店鋪銷售的購買風險要小於無店鋪銷售，例如，郵購的購買風險就遠大於傳統的商店採購。

風險控制理論認為，消費者為了控制由於購買決策所帶來的必不可少的購買風險，在作出購買決策時總是試圖利用某些

「風險控制方法」或「風險減少策略」來盡力控制風險，從而增加自己的決策信心。消費者常用的控制風險的方法主要有六種：

第一，盡可能地搜尋產品的有關資訊。消費者搜尋資訊的途徑一般有三種：來自親朋好友的口傳資訊、來自營銷人員的產品宣傳資訊、來自大眾媒體的公開報導。因此，透過上述資訊管道，消費者只要掌握了足夠多的與擬議中購買的產品有關的資訊，那麼他們就可以更好地預測購買所帶來的後果，從而達到控制購買風險的目的。

第二，盡量購買自己熟悉的或者使用效果較滿意的產品，或者說重複購買某產品，以品牌忠誠來減少購買風險。例如，當消費者面對自己不熟悉的產品，或者未能獲得足夠資訊的產品，或者由於別的原因而體驗到較高的購買風險的產品時，他們總是喜歡重複購買某種熟悉的產品或自己喜歡的品牌，以達到控制風險的目的。

第三，透過購買著名的品牌來控制風險。因爲名牌產品所內含的品質、功能、價格、社會地位和形象、售後服務等價值標準較高，而相應的購買風險則較低，因此購買名牌產品是迴避風險的一種常用方法。

第四，透過從有聲威的營銷者或者著名的商店購物以控制購買風險。因爲名店在商品品質、銷售服務、價格、售後服務等方面都具有較高的信譽，因此這種信譽就成爲消費者控制購買風險的有效方法。

第五，透過購買價錢最貴的產品來控制購買風險。因爲在不了解各種品牌之間的區別的情況下，消費者一般都認爲，一分錢一分貨，價錢最貴的品牌就是市場上出售的同類產品中最

好的產品。

第六，透過各種方法尋求安全保證以控制購買風險。例如，消費者可以借助於企業所提供的退貨制度，或者透過權威機構的檢驗，或者透過在保險公司投保，或者透過免費試用等等方法減少購買風險。

5.1.4　邊際效用理論

邊際效用理論是西方經濟學家們用來解釋消費者購買行為的一個重要理論。與其他的消費行為理論相比，邊際效用理論側重於從人的消費需求與得到滿足這個最根本的角度對消費者的購買行為作出宏觀的解釋。因此，該理論具有更強的說服力。邊際效用理論認為，消費者購買商品的目的就在於用既定的經濟收入實現最大限度的需求滿足，或者說在經濟收入一定的情況下儘可能多的購買各種所需要的商品，以滿足自己各方面的需要，從而實現總效用和邊際效用兩者的最大化。下面我們結合邊際效用理論的幾個基本概念詳細地予以說明。

（一）效用

效用不僅是邊際效用理論中的核心概念，同時也是西方經濟學中的一個基本概念。所謂的效用是指商品能夠滿足消費者的某種需要並帶來愉快和享受的特性，也即消費者從購買和消費某種商品中所得到的滿足感。例如，西裝能夠禦寒，也能夠修飾人體，人們購買西裝的目的就在於滿足自己的禦寒和修飾的需要。因此，只要某消費者購買的西裝滿足了消費者自身的這些需要，使自己生理上感到舒適，心理上感到愉快和充實，

那麼我們就可以說，西裝對該消費者是有效用的。在現實生活中，每個消費者不僅需要西裝來禦寒和美化自己，而且也需要麵包、住房等其他各種商品來分別滿足自己的不同需要。這些商品本身都有各自的效用，如果我們把一定數量的各種商品的所有效用都加起來，那麼我們就會得到一個總效用。換句話說，消費者從所購買的一定數量的某種商品中得到的總體滿足程度，或者說消費者從購買的所有種類的商品中得到的總體滿足程度，就叫做商品的總效用。一般來說，在資源有限的情況下，消費者占有的物品越多，那麼他體驗到的總體滿足程度就越大，總效用也就越多。

（二）邊際效用

我們前面說過，當消費者增加商品購買量時，無論是增加同一種商品的購買量還是增加不同種類的商品的購買量，消費者所能體驗到的總效用始終是在增加的。但問題是人們手中的貨幣量是有限的，消費者不可能把有限的所有收入都用來大量購買同一種商品，或者是大量購買種類很少的幾種商品。這是因為人不僅要用手中有限的貨幣解決吃飯穿衣問題，同時還要用這些錢去娛樂、上學……總之，由於人們的需要是多種多樣的，而且人們的需要還在持續不斷地進化和發展，所以消費者將會用手中掌握的有限資金去儘可能地滿足自己的各種各樣的需要。因此，消費者沒有必要也不可能用有限的貨幣去無限制地購買某種商品而犧牲其他需要的滿足。

如果我們對此進行更深層次的剖析，那麼我們就會發現，假如消費者用有限的貨幣無限制地增加某種商品的購買量，到了一定程度消費者就會感到，隨著該商品的購買量的不斷增

加，購買者從中體驗到的滿足程度不但越來越小，而且最終甚至使得購買者產生厭惡情緒。像這種消費者每增加一個單位的商品購買量所能增加的需要滿足程度就叫做「邊際效用」，而這種隨著某種商品購買量的逐步增加，消費者對該商品的需要強度及從中所能體驗到的滿足程度越來越小的現象就叫做「邊際效用遞減規律」。相反，隨著某種商品購買量的增加，消費者所能體驗到的總體滿足程度越來越大的現象就叫做「總效用遞增規律」，如圖5-1、圖5-2所示。

（三）無差異曲線

無差異曲線是邊際效用理論中的一個很有用的分析工具，它直觀形象地說明了消費者在有限收入的情況下，力求最大限度地滿足自己的各種需要的種種購買選擇。我們假定消費者的貨幣收入是有限且固定的，我們也假定商品價格是固定的，商品種類大致可以劃分為兩組，每個消費者都想最大限度地滿足自己的各種需要。在這種情況下消費者對即將準備購買的兩組商品的數量就可作出不同的搭配，如果其中的任何一組買多了，那麼另一組就必須少買。在此，需要強調指出的是，消費

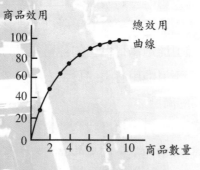

圖5-1　總效用曲線圖

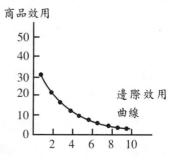

圖5-2　邊際效用曲線圖

者可以對這兩組商品的購買數量進行各種各樣的搭配並付諸實施，但只要符合我們前面所說的四個前提條件，那麼，不論消費者對這兩組商品的數量作出怎樣的搭配，消費者所得到的滿足程度都是相同的。換句話說，兩組商品購買數量的各種不同的搭配所產生的邊際效用之間沒有任何差異。我們如果把這兩組商品購買數量的各種搭配組合情況繪成圖，那就是「無差異曲線」，如圖5-3所示。

從圖上可以看出這樣兩點：第一，在無差異曲線的任何一點上，兩組商品不同購買數量的各種組合情況給消費者帶來的滿足程度是完全相同的，即無差異曲線上的任何一點所表示的各種購買方案都會給消費者帶來完全相同的邊際效用。第二，在無差異曲線的任何一點上要想保持完全相同的滿足程度，那麼其中任何一種商品的購買數量的增加量就必須與必定要減少的另一種商品的購買數量的減少量保持一定的比例。該比例就叫做邊際替代率，用公式表示就是：

$$MRS_{XY} = \frac{\Delta Y}{\Delta X}$$

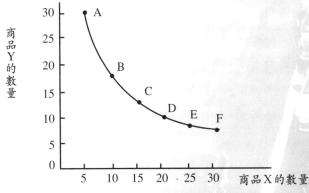

圖5-3 兩組商品購買量組合的無差異曲線

式中，ΔY為商品Y的減少量；ΔX為商品X的增加量；MRS_{XY}為邊際替代率。該替代率實際上就是無差異曲線的斜率，就其基本趨勢而言它是遞減的。這表明消費者在不斷增加某種商品的購買量的同時，願意犧牲的另一種商品的購買量則是逐步遞減的。因此，假如任意一種商品的購買量在持續不斷地增加而其邊際效用卻在逐步遞減，那麼消費者將越來越不願意減少另一種商品的購買量，這是因為其邊際效用在日益增大。

　　總之一句話，在消費者追求最大限度地滿足自己的各種需要而其經濟收入又是有限和固定的條件下，他們希望購買的兩組商品無論在數量上如何搭配，每種購買搭配方案給消費者本人提供的邊際效用都是完全相同的。由這些各種各樣的購買搭配方案所構成的邊際效用曲線就叫做「無差異曲線」。

（四）消費者均衡

　　在實際的現實生活中，由於每個人的經濟收入都是有限的，而且商品價格也是既定的，因此消費者不僅希望自己的每種購買搭配方案從整體上都能夠給自己提供最大限度的需求滿足（總效用最大化），而且也希望從所有這些購買搭配方案中能夠找到一種使兩組商品在購買數量上成為最優組合或最優搭配的購買方案來，以實現邊際效用最大化。用經濟學術語來說，這就是「消費者均衡」的實現問題，那麼「消費者均衡點」到底在什麼地方呢？假定某消費者的月收入為三萬元，商品X組（或一種商品X）的平均價格PX為二千元，商品Y組（或一種商品Y）的平均價格PY為一千四百元。假定消費者為了追求效用最大化，他不僅需要購買商品，而且還希望將其中的一部分

收入分別用於儲蓄和投資。假定他把月收入中的六千元用來儲蓄，一萬元用來投資股市，那麼他用於消費的貨幣量將是一萬四千元。消費者對這一萬四千元商品購置費將會如何安排才能最大限度地滿足自己的各種需要呢？一種方案是一萬四千元全部用來購買商品 X（共七個單位），或者全部用來購買商品 Y（共十個單位）；另一種方案是將一萬四千元合理分配，分別用來購買一定數量的商品 X 和一定數量的商品 Y，這中間又包括若干種搭配組合形式。在實際生活中，除非存在某種特殊情況，否則第一種方案顯然是不可取的。所以，我們只能從第二個方案中去尋求最優搭配或最優組合形式。第一方案雖然不切實際，但我們卻可以在「全部買商品 X」與「全部買商品 Y」兩者之間畫出一條連線。這條連線就叫做消費可能線，又稱為預算線（如圖 5-4 中的 AB 線），從這條線上我們就可以找到第二方案中的最佳組合形式。消費可能線 AB 以外的任何一點都是無法實現的，因為已經超出了消費者的可供支配的消費總預算；而 AB 線以內的任何一點雖然可以實現，但卻不是兩組商品購買量的最大搭配組合形式，因而也無法實現總效用的最大化。只有 AB 線上的任何一點才可以成為最大購買量組合，也就是說消費者對兩組商品購買量的搭配組合形式，只有落在這條線的任何一點上才能實現總效用的最大化。但這條線上只有那麼一點，是消費者希望的購買量的最優或最佳搭配組合形式。下面我們就來尋找最優搭配組合形式，或者說尋找「消費者均衡點」。

　　倘若在有 AB 線的圖 5-4 上再繪上幾條無差異曲線（如圖 5-5 所示），那麼在這眾多的無差異曲線上，必定有一條要與 AB 線相切於某一點，該切點就是消費者均衡點（如 C 點）。只有在此點上（商品 X 組購買 H 個單位，商品 Y 組購買 G 個單位）才能

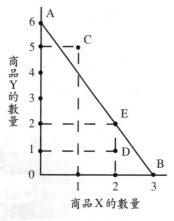
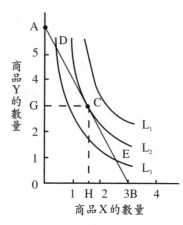

圖5-4　消費者的消費可能線　　圖5-5　消費者均衡的實現

實現不同商品購買量的最優或最佳搭配組合，從而最大限度地
滿足消費者的各種需要，實現總效用和邊際效用兩者的最大
化。

　　綜上所述，邊際效用理論從消費需求這個基本概念出發，
透過經濟學的分析，深入討論了決定消費者購買行為的一個重
要因素——在貨幣收入一定的條件下，消費者努力尋求總效用
和邊際效用兩者最大化的願望和行動，比較深刻地說明和解釋
了消費者的購買行為規律。但是，我們也應該看到，邊際效用
理論的思想基礎是邊沁的享樂主義哲學和傳統的理性人假設。

　　在邊際效用理論家們眼裡，消費者實質上是一個最大限度
地追求享樂和舒適的有理性的「機器人」，他們隨時隨地都在絞
盡腦汁地算計如何才能「合理科學地」消費，好像每個消費者
都已被簡化成了一個單純具有理性的「電腦」，而消費者的其他
特性以及別的購買動機都是不存在的。因此，該理論只能用來
解釋和說明那些複雜的購買行為，而無法解釋習慣性的和簡單
的購買行為。

5.2　消費者購買行為模式

　　如果說我們前面討論的消費者行為理論是從宏觀上、整體上解釋消費者為什麼要購買商品，那麼，我們現在將要討論的「消費者購買行為模式」，則是對消費者實際進行商品的購買過程進行形象地說明。下面我們介紹幾種最有代表性的購買行為模式。

5.2.1　科特勒的刺激反應模式

　　美國著名市場營銷學家菲利普‧科特勒教授認為，消費者購買行為模式一般由前後相繼的三個部分構成（如圖5-6所示）。第一部分主要包括企業內部的營銷刺激（如產品和價格等）和企業外部的環境刺激（如文化的和經濟的）兩類刺激，這兩者共同作用於消費者本人，以期能夠引起消費者的注意。第二部分主要包括購買者特徵（如個性、社會文化等）和購買決策過程（如問題認識、資訊收集等）兩個仲介環節。購買者本人所具有的一系列特徵對其購買行為有著很大的影響和仲介作用，也就是說消費者的購買行為和最終選擇是文化、社會、個人和心理四大因素之間複雜影響和相互作用的結果（如圖5-7所示）。消費者的購買決策過程是透過其頭腦內部進行的複雜的訊息加工活動，以選擇所要購買的產品過程。消費者的決策過程既受到第一部分的內外刺激的影響，也受到消費者本人所具有的各種特徵的影響。第三部分是購買者的反應，也就是消費者

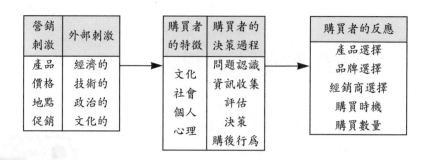

圖5-6　科特勒刺激反應的購買行為模式

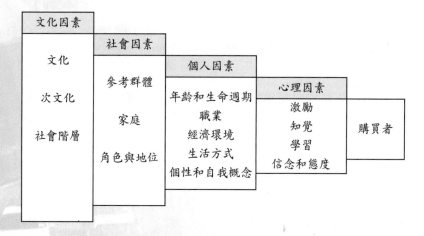

圖5-7　影響消費者購買行為諸因素的詳細模式

購買行為的實際外在化的表現，如產品選擇和品牌選擇等。消費者的這些外部反映是客觀的，營銷人員能夠在實際工作中識別出來。從圖5-6和圖5-7可以看出，科特勒的刺激反應模式簡明扼要地說明了消費者購買行為的一般模式：刺激作用於消費者，經消費者本人內部過程的加工和仲介作用，最後使消費者產生各種外部的與產品購買有關的行為來。因此，該模式易於

掌握和應用。但該模式也存在著明顯的缺陷，許多關鍵環節過
於簡單化，比如沒有對消費者大腦內部所進行的訊息加工過程
給予必要的說明。

5.2.2　尼考西亞模式

尼考西亞模式是 F. 尼考西亞於 1966 年在其《消費者決策過
程》一書中提出來的。該模式由四個領域構成。領域 I 為廣告
資訊，也稱之為「從資訊發布到消費者態度」。該領域表示企業
透過廣告宣傳等手段把有關資訊發射給消費者，這些資訊經消
費者處理後轉變成對產品的某種態度並輸出。領域 II 為調查評
估，表示消費者懷著對產品的某種態度開始尋找有關資訊，並
對廣告及其所宣傳的產品作出一定的評估，形成相應的購買動
機。領域 III 為購買行動，表示消費者在某種購買動機的驅使下
作出購買決策並採取具體的購買行動。領域 IV 為回饋，表示消
費者在消費或使用產品的過程中將購買經驗教訓回饋給大腦保
存起來，以指導今後的購買行為，或者直接回饋給企業營銷人
員（如圖 5-8 所示）。尼考西亞模式的優點也是比較簡明扼要，
但其局限性是缺乏對外界環境變數的說明，把消費者看成是一
個只與企業進行資訊交流的封閉系統，因而容易使營銷人員產
生誤會。

5.2.3　霍華德—謝斯模式

該模式首先是由 J. A. 霍華德於 1963 年提出，後經修改於
1969 年在 J. A. 霍華德和 J. N. 謝斯合作出版的《購買行為理論》

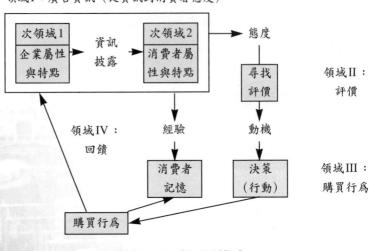

圖5-8　尼考西亞模式

一書中正式提出,因此叫做霍華德—謝斯模式。該模式主要描
述產品的品牌選擇過程,由四大變數組成。變數一是刺激或投
入因素,也稱之為輸入變數。該變數又包括三個小因素,例
如,產品的價格、品質、功能、服務等傳遞的資訊,構成了產
品的實質刺激;而廣告媒體、推銷人員和商業媒體等傳遞的資
訊則構成了產品符號刺激;家庭、相關群體及社會階層等資訊
的社會來源傳遞著有關產品的口傳資訊。變數二是外在因素,
也叫做外在變數。該變數主要包括一些影響購買決策過程的外
部因素,例如,社會階層、文化、個性、購買的必要程度、組
織、時間緊迫性、支付能力等。變數三是內在因素,也叫做內
在過程。該變數指介於刺激與反應之間的心理活動過程,其目
的在於說明外界刺激在消費者的大腦內部是如何進行加工並形
成對某種產品的態度和購買意向的。變數四是反應或產出因

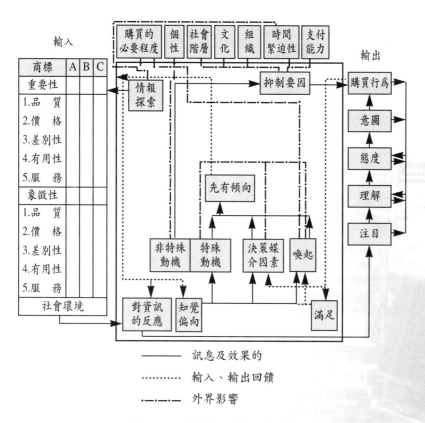

圖5-9　霍華德—謝斯模式

素，也叫做結果變數，是指消費者最終所形成的對產品的外部行為。該變數包括三個分變數，一是與消費者對產品的注意和了解相聯繫的認識反應，二是與評估動機的滿足水準相聯繫的情感反應，三是與是否實施實際購買相聯繫的行為反應（詳見圖5-9所示）。

　　霍華德—謝斯模式結構比較嚴謹，比其他一些購買行為模式更富有實際應用價值。該模式尤其適用於消費者對各種產品品牌的選擇和購買，因此一直比較受人們的重視。

5.2.4　EBK 模式

　　EBK 模式也稱之為恩格爾模式，是由美國俄亥俄州立大學的三位教授 J. F. Engel、R. D. Blackwell 以及 D. T. Kollat 於 1978 年在《消費者行為》一書中提出來的。該模式是以消費者制定購買決策的過程為基礎而建立起來的。該模式把消費者的大腦看成是一個資訊處理器，認為外界刺激如產品和大眾傳媒等資訊輸入大腦之後，經消費者的態度、個性等內部因素的作用和調節，最終產生購買決定並付諸實施，如圖5-10所示。

　　該模式的優點是詳細表述了與購買決策過程有關的一系列變數，它比科特勒的刺激反應模式和霍華德－謝斯模式更詳細和具體，但卻又過於繁雜，不易被營銷人員所掌握。

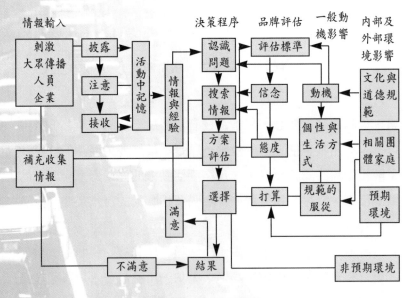

圖5-10　EBK 模式

從我們上面所介紹的四種最具代表性的購買行為模式來
看，它們之間存在著許許多多的相似之處，尤其是購買行為模
式的一般框架何其相似。換句話說，如果我們拋開某些細節，
並且從中抽取出基本架構，那麼前述的四種購買行為模式在主
要方面都是一致的。例如，它們的基本框架一般都是如圖5-11
所示的那樣。

5.3 消費者購買行為類型

5.3.1 購買行為類型

把消費者劃分為不同的類型是研究消費者購買行為的一種
主要方法。一般來說，劃分所依據的標準不同，消費者購買行
為類型也就不同。傳統的劃分消費者購買行為類型的方法主要
有如下三種類型：一是根據購買行為中對產品品質和價格的態
度以及決策速度等因素把消費者劃分為習慣型、理智型、經濟
型、衝動型、從眾型等類型；二是根據消費者購買準備狀態把
消費者劃分為確定型、半確定型和不確定型三種類型；三是根
據消費者在購買現場的情感反應把消費者劃分為沈靜型、活潑
型、溫順型和傲慢型等類型。雖然這三種劃分方法比較簡單易

圖5-11 消費者購買行為的一般模式

行，但由於實際購買現場消費者的反應比較複雜，許多購買行為不易區分和辨別，因此，現在有越來越多的研究人員傾向於認為這三種分類方法缺乏準確性，在營銷實踐中容易出現偏差。目前已經逐漸出現了新的、比較公認的分類方法。

5.3.2　阿薩爾的購買行為類型理論

阿薩爾根據購買過程中消費者的介入程度以及品牌間的差異程度，把消費者劃分為如下四種類型——複雜的購買行為、減少失調的購買行為、習慣性的購買行為和尋找品牌的購買行為（見表5-1所示）。下面我們具體介紹阿薩爾的購買行為類型理論的主要觀點。

(一) 複雜的購買行為

所謂的複雜的購買行為是指，由於產品的各種品牌之間存在著很大的差異，且消費者並不太了解各種品牌的屬性、特點及其相互間的差異，需要消費者認真細致地了解，仔細挑選並慎重決策的購買行為。一般來說，購買貴重物品、大型耐用消費品、覺察到的購買風險較大的產品、特別容易引起他人注目的產品以及其他需要消費者高度介入的產品，消費者的購買行為往往是複雜的購買行為。這種購買行為就其實質而言不外乎

表5-1　阿薩爾購買行為類型

購買行為的四種類型		
	高度介入	低度介入
品牌間差異很大	複雜的購買行為	尋找品牌的購買行為
品牌間差異極小	減少失調的購買行為	習慣性購買行為

是一種典型的學習過程。消費者在逐步了解產品資訊的過程中
形成了對產品的信念，然後是對產品的態度並產生偏好，最後
才作出愼重的購買決策。

（二）減少失調的購買行為

　　所謂的減少失調的購買行爲是指這樣一種購買行爲：由於
產品的各種品牌之間並沒有多大差別，且由於產品具有很大的
購買風險或者費用很多，所以極需要消費者高度介入才能愼重
決定；但購買商品之後，有時往往又會使消費者產生一種購後
不協調的感覺，覺得自己選擇的品牌還不如其他未選上的品
牌，於是開始透過各種方法試圖作出對自己的選擇有利的評
估，並採取種種措施試圖證明自己當初的購買決策是完全正確
的，以減少購後不協調感。上述這種購買行爲就屬於減少失調
的購買行爲。

（三）尋找品牌的購買行為

　　所謂的尋找品牌的購買行爲是指這樣一種購買行爲：儘管
產品的各種品牌之間存在著極爲懸殊的差異，但由於產品本身
並沒有多大的購買風險或者就是一種價格並不貴的日用消費
品，所以只需要消費者低度介入並不斷變換品牌的購買行爲。
這種購買行爲的產生往往並不是起因於對某種品牌不滿意，而
是起因於同類產品擁有很多不同的可供選擇的品牌，消費者可
能是存有求新或求異的消費動機才不斷地在各種品牌之間進行
變換嘗試，以尋求自己心目中「永遠是最好的」品牌。

（四）習慣性的購買行為

所謂的習慣性的購買行為是指這樣一種購買行為：消費者對那些品牌間沒有多大差異、價格低廉、經常購買的日用消費品常常採取低度介入購買方式，其購買行為並沒有經過一般的形成信念和態度，然後再採取一定的購買決策並付諸實踐等一系列行為過程，而是以一種不假思索的方式直接採取購買行動，而且消費者購買這類產品往往並非出於品牌忠誠，而是出於習慣。像這樣的購買行為就叫做「習慣性購買行為」。這種購買行為一般是由於廣告的不斷重複或者反覆購買而形成的，而且消費者絕不會真正形成對某種品牌的信念和忠誠的態度，只是出於消費者熟悉它的緣故才去購買。另外，這種購買行為由於是被動學習的結果，再加上消費者對購買何種品牌持無所謂的態度，所以消費者在購買之後幾乎不產生購後評估。

5.4　消費者的購買行為過程

我們前面從宏觀的角度討論了消費者的購買行為規律，下面我們再從微觀角度具體地分析消費者的購買行為過程。我們的側重點將主要放在討論消費者的購買決策上。

5.4.1　消費者購買行為程序

除了那些日用消費品或者低度介入的產品以外，消費者在購買大部分商品尤其是高度介入的產品時，其行為過程一般將

會經歷下列五個按順序遞進的階段或程序：認識需要、資訊收集或購前學習、對可供選擇的購買方案進行評估、購買決策和購後行爲（如圖5-12所示）。下面我們詳細予以說明。

（一）認識需要

認識需要是購買行爲過程的開端。認識需要就其實質而言也就是喚起消費需求。一般來說，當消費者面臨某個問題，或者說意識到自己的實際情況與所希望的狀態之間存在著某種差異，或者內外部刺激與消費者本人的某種需要之間有一定的差距時，消費者已經開始認識到了自己的消費需要。我們都知道，消費者每時每刻都擁有許許多多的需要，但這些需要大部分都處在潛意識狀態，消費者本人未必就已明確地意識到了它們的存在。只有當外界環境中的某些刺激，或者消費者自身內部的某些刺激強大到足以引起自己的意識時，這些潛在的需要才能夠被消費者認識並轉化成一種內驅力，促使或激勵人們透過購買產品加以滿足。例如，某公司職員Ａ經常出差聯繫業務，他在外地要經常向公司老闆彙報工作情況，同時還要不斷地與各類客戶保持聯繫，還要不時向自己的親屬報個平安。雖然他手頭也有一支行動電話，但由於看不見對方，也不能發傳真，所以總覺得不太方便和滿意。每當此時，他就希望自己手頭能夠有個更方便的通訊工具（需要更好的通訊工具）。後來有一天，他在報紙上讀到了這樣一則消息（外界刺激）：某公司

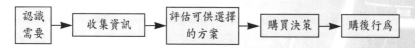

圖5-12　消費者購買行爲程序示意圖

生產出了一種可視行動電話，這種電話不僅能夠當傳真機用，而且還能夠看見通話的對方，價格也比較適中。像這樣的廣告（刺激因素）就引導這位公司職員認識自己的需要，明確地意識到自己極需要一個方便、先進的通訊工具（消費需求）。據近年來的一些研究，消費者在「認識需要」的風格上存在著明顯的差異。有些消費者屬於「實際狀態型」，他們之所以認識到自己對新產品的需要，是因為自己原有的產品無法使用或主要功能壞了；也有些消費者屬於「渴望狀態型」，他們之所以認識到自己對新產品的需要，並不是因為原有的產品出了問題，而是希望擁有更新的，功能更齊全、更先進的產品。前述的公司職員Ａ就屬於第二種類型。

（二）資訊收集

如果消費者已經明確地意識到了自己的消費需求，或者說消費者已經認識到要想滿足自己的消費需求，唯一的辦法就是透過購買某種新產品才能實現，那麼，在這種情況下他就會透過種種方法積極地去尋求有關資訊，在頭腦中形成每種品牌的形象，或者是各種可供選擇的購買方案。因此，消費者收集資訊的過程也就是形成各種可供選擇的購買方案的過程。消費者收集資訊的途徑或者資訊來源主要有兩種形式：一種就是消費者自身早已具有的知識經驗寶庫，也叫做「內部源泉」；另一種就是從外界環境中去尋求有用的資訊，也叫做「外部源泉」。外部源泉又包括除自己以外的其他個體（如鄰居、熟人等）、商業組織（廣告、經銷商等）、大眾媒體（報紙、雜誌等）。

就一般規律而言，消費者首先是到自己已有的知識經驗寶庫中去尋求幫助，如果自己的經驗不夠用或不合適，然後才去

外部源泉尋求資訊，而且內部源泉所提供的有用資訊越多，人
們到外部源泉尋求的資訊就越少。當然，許多購買決策實質上
都是內外部資訊相互作用的結果。消費者到底要收集多少資
訊，或者說購買決策所需要的訊息量是多少，這在很大程度上
取決於各種情景因素，如產品風格和價格是否比較穩定、是否
爲第一次購買、資訊來源是否相互衝突、家庭成員之間意見是
否一致、產品售價是否很可觀、購買者的受教育水準、消費者
的經濟收入水準和年齡、消費者的人格特徵、消費者本人的內
驅力的強弱、產品的介入程度的大小、購買決策的類型等因素
都會影響訊息量的需求水準。如果公司職員Ａ對可視電話特別
感興趣，迫切希望購買該產品，那他就會積極地尋求關於該產
品的各種資訊，比如廣泛翻閱廣告，打電話向朋友諮詢，與生
產這類產品的好幾個著名企業聯繫，直到自己完全了解和喜愛
該產品爲止。相反，如果他的購買欲望並不強，那他尋求有關
資訊的積極程度以及尋求的訊息量只會比原來稍微強一點罷
了，他只是比以前更關心這方面的資訊並收集一些關鍵資訊就
行了。

（三）評估可供選擇的購買方案

　　當消費者已經收集到了足夠的資訊時，他們就會利用兩個
前後相接的步驟對可供選擇的備選方案作出評估。首先是列出
自己比較了解的全部品牌的名稱，然後根據每種產品所必須具
備的一系列重要屬性作爲評估標準，具體評估備選方案中的每
個品牌。在列出自己了解的全部品牌時，消費者傾向於列出那
些素負盛名的、自己所在市場銷售的品牌。列出的這些品牌往
往是市場上出售的部分品牌而已，而且也並非消費者所知道的

全部品牌。在評估列出的品牌目錄時，大部分消費者首先將會把已經掌握的產品所必須具備的重要屬性分別賦予各自不同的權重（相對重要程度），然後據此分別對各種備選品牌進行評估，也就是給各種品牌分別打分數，最後看哪一種品牌得分最高。當然，許多時候同時有好幾種品牌得分都很高，而且差異並不大。這是因為每種品牌可能都有各自獨特的重要屬性，而且這些屬性很可能就是其獨一無二的優點。因此，在這種情況下，消費者往往同時有好幾種品牌難以割捨，成為自己最後的一組備選方案。

在此需要強調指出的是，雖然大部分消費者所認可的產品的重要屬性基本相同（如表5-2所示），但是不同年齡組的消費者對同一屬性所賦予的權重並不一定相同。例如，男女老少都認為評估汽車的重要屬性一般是安全可靠、持久耐用、容易修理、價格低廉、容易操作、名牌和工藝技術新等，但三十至四十九歲的中年人比其他年齡組的消費者明顯地更強調安全可靠的性能，而五十歲以上的消費者比四十九歲以下的人顯著強調品牌的名望，二十九歲以下的青年人則明顯偏愛具有新工藝和新技術這一特性。

表5-2　四種商品的重要屬性（評價標準）

私人小汽車	家用電腦	彩色電視	冷氣
安全可靠性	運行速度	圖像品質	耗電量
持久耐用性	價格	保修期	功率與製冷
容易維修	顯示器清晰度	價格	噪音大小
價格	存儲能力	螢幕大小	保修期
有無名氣	軟體適用性		價格
是否最新技術			

（四）作出購買決策

經過評估備選方案，此時的消費者已經對某品牌形成了一定的偏好或購買意圖。在這種情況下，如果再不出現其他意外情況和他人的干預，那麼消費者的這種購買意圖將會直接轉化為購買決策。關於消費者購買決策的具體內容，我們將在本章下一小節加以詳細討論。

（五）購後行為

一般來說，消費者的購後行為具有兩點意義：一是反映了消費者的需要是否得到了滿足。如果得到了很好的滿足，那麼消費者將會對其購買決策及其所購買的產品作出積極的評估，並把這種購買經驗儲存在自己的長時記憶中以指導今後的購買行為。二是購後行為不僅直接影響消費者本人今後的購買活動，而且也會影響左右周圍的其他人的購買行為。如果消費者對自己的購買決策比較滿意的話，那麼這種滿意的體驗將使消費者本人今後繼續購買令自己滿意的產品，同時消費者也會把自己的滿意感告訴周圍的朋友、同事、親屬等，從而有利於這些人購買該產品。反之，不僅自己今後很可能不再繼續購買，而且其周圍的人很有可能也不會去購買。因此，對於市場營銷人員來說，產品被消費者購買之後並不意味著營銷工作的結束，而是新一輪營銷工作的開始。在購後行為階段，消費者一般根據購前所形成的產品期望值對自己的購買決策作出評估。換句話說，購買商品之後，消費者將試圖確定自己的實際購買結果是否符合先前形成的對產品的期望。這種評估結果很可能是下列三者之一：(1)實際結果符合先前的期望，此時的消費者

具有中等偏上的積極情感體驗（比較滿意），今後可能購買也可能不購買該產品：(2)實際結果超出了先前的期望值，此時的消費者具有完全積極的情感體驗（很滿意），今後將會繼續購買該產品；(3)實際結果不如先前的期望值高，此時的消費者具有消極的情感體驗（不滿意），不僅今後將不會再購買該產品，而且眼下很可能採取退貨或投訴等各種措施來恢復自己的認知系統的平衡。

5.4.2 購買決策過程

對於市場營銷人員來說，了解下列問題對於新產品開發、生產特色產品，以及整個營銷策略的制定必將提供理論依據：什麼是購買決策？購買決策有哪些類型？消費者賴以制定購買決策的人性特點是什麼？到底消費者是如何作出自己購買決策的，消費者的購買決策過程有沒有規律可循？下面我們就來討論這些問題。

（一）購買決策概述

◆購買決策的概念

所謂的購買決策是指消費者從兩個或兩個以上的可供選擇的購買方案中作出選擇的過程。換句話說，購買決策就是在要不要購買、到底是購買哪種產品或產品的哪種品牌，以及在何時何地花多少錢購買誰經銷的產品等眾多備選方案之間作出選擇。如果沒有選擇也就沒有決策，因此決策就是作出選擇。

◆常見的購買決策類型

不同的市場營銷人員劃分購買決策類型的標準和側重點不

同。根據許多市場營銷心理學家的觀點，常用的劃分消費者購
買決策類型的方法主要有如下兩種：

第一，根據消費者購買決策的不同環節可以分為下述七種
類型：

1.購買的基礎決策：即要不要購買某種產品。

2.購買目的決策：即為什麼要購買，是為了方便自己的日常
　生活還是為了與鄰居求同；是為了炫耀自己的生活水準還
　是為了送禮等。

3.品牌決策：即到底購買哪一種品牌的產品，是新品牌還是
　自己熟悉的品牌；是特定的某個品牌還是什麼品牌都行，
　等等。

4.購買管道決策：即從什麼地方購買產品，是從商店購買還
　是從生產廠家直接郵購；是從大型百貨商店購買還是從專
　賣店購買等。

5.付款方式決策：即怎樣支付購買款項，是用現金支付還是
　用信用卡支付；是一次付訖還是分期付款等。

6.購買時間決策：即打算什麼時間去購買產品，是馬上就去
　購買還是以後再去購買；是近期內打算購買還是較長一段
　時期後再作打算。

7.購買數量決策：即花多少錢購買多少產品，是購買大包裝
　產品還是購買小包裝產品；是購買一件還是購買多件等。

第二，根據消費者在作出購買決策時所需要的訊息量的多
少以及決策過程的展開水準可以劃分為三種類型：

1.廣泛地解決問題型：消費者尚未形成所購產品的評估標

準，也未形成較集中的可供選擇的備選方案，此時他們需要大量地搜尋有關資訊來爲進一步的決策工作做準備。這種水準的購買決策就叫做「廣泛地解決問題型」。

2.有限地解決問題型：消費者雖然已經建立了有關的評估標準，但是還未形成較集中的可供選擇的備選方案和一定的購買偏好，此時他們需要較多地收集有關產品的各種品牌之間是否存在差異及差異所在等方面的資訊。這種水準的購買決策就叫做「有限地解決問題型」。

3.常規反應行爲：消費者不僅已掌握了所需產品的有關評估標準，而且可供選擇的備選方案以及自己的購買偏好也已形成，有些產品甚至已經有過購買經驗，此時他們只需要很少量的補充資訊，某些時候甚至只需回憶自己已經掌握的購買經驗就行了。這種類型的購買決策就叫做「常規反應行爲」。

◆有關購買決策的人性假設

我們這裡所指的人性假設是指消費者在購買決策過程中所表現出來的個性特徵以及營銷人員由此所產生的對消費者的根本看法。即不同的消費者在作出購買決策時會有哪些不同的行爲表現，消費者到底是有理性的還是衝動的，是仔細挑剔的還是迅速成交的等。根據消費者在購買決策中的個性特徵的不同，可以把消費者劃分爲四種類型：理性經濟人、被動服從型人、認知型人和情緒型人。下面我們分別予以說明。

第一，理性經濟人。這種假設是許多經濟學家的觀點。他們依據消費者在購買決策過程中表現出來的冷靜、愼重和理智的行爲特點，認爲在完全競爭的市場上，消費者時刻依據充足

的市場訊息進行完全理性的最佳購買決策，也就是說像理性經濟人這樣的消費者所追求的目標是：以最小的代價實現最佳的購買結果，以最大限度地滿足自己的需要。因此，在市場營銷人員看來，這類消費者實質上就是一種活的「電腦」，總是用理性和經濟價值來衡量一切。在這類消費者眼裡「衝動的」、「隨意的」或者「情緒性的」購買行爲都是不可思議的。

　　當然，實際上任何一個消費者都是不可能完全做到這一點的。這是因爲理性經濟人假設背後潛在的理論基礎是脫離現實生活的，或者說是不現實的。由於消費者自身能力和知識以及資訊獲取條件具有很大的局限性，所以不可能從市場上獲得所需要的任何一種資訊，更無法形成無數的購買方案可供選擇。另外，消費者本人是否具備正確評估和排列各類方案的能力，並從中選擇出最佳的購買決策來也存在著極爲懸殊的差異，起碼並非所有的消費者都能夠作出完全理性的購買決策來。所以，從上述分析來看，消費者根本不可能也不願意花過多的時間去儘可能廣泛地收集資訊，更不可能以純理性的態度去追求最大限度的理想決策，而是以實事求是的態度用「足夠的」資訊作出比較滿意的購買決策就算達到了目的。

　　第二，被動服從型的人。這種假設是過去許多老一代營銷人員所信奉的觀點。他們基於消費者在購買決策中表現出來的衝動性和易受暗示性等特點，把消費者看成是一群自私自利的、一味服從營銷人員及其營銷策略意圖的毫無主見的人。持這種觀點的人認爲，由於消費者是衝動的和沒有理性的，他們爲了自己的利益能夠得到保障，因此總是患得患失、消極被動，容易受市場營銷人員的暗示，容易受整個營銷活動及其氛圍的影響。所以，市場營銷活動在消費者的購買決策的制定和

形成過程中起著最重要的作用。這種觀點當然是片面的，因為它無法說明下列事實：消費者本人所具有的理性和主觀能動性的購買決策的形成過程中起著重要作用。與市場營銷人員及其各種努力比較起來，消費者本人的特性在購買決策的形成過程中如果說不起決策性的作用，那也是同等重要的角色。值得指出的是，目前仍然有許多營銷人員和營銷教材信奉這種似是而非的觀點，例如「AIDA」──喚起注意→誘導興趣→激發欲望→促成交易──這種被許多人廣泛認可的推銷模式，就其實質而言，仍然是把消費者看成是被動接受資訊和影響的受體。對此，我們必須加以反省和批判。

　　第三，認知型的人。這種假設是近年來在市場營銷心理學中比較流行的一種觀點。該假設認為，消費者是一群主動解決問題的人，他們一般具有較強的理解能力並主動尋求與購買行為有關的資訊。這些資訊經自己大腦的加工和篩選，最終形成對產品的某種偏好和購買決策。因此，這種假設實質上是把消費者看成是一種「訊息加工系統」。與我們前面提到的「理性經濟人」假設和「被動服從型人」假設相反，「認知型的人」這種假設更符合實際情況，也更具有說服力。這是因為，在認知型的人看來，為所有可供選擇的購買方案詳細地搜尋一切資訊實質上是根本不現實的，訊息量只要足夠到能夠作出「合適的」購買決策就行了，超出此限度就是沒有必要的迂腐行為。此外，這種假設還認為，現實生活中的消費者是根本無法得到一個理想得近乎「完美無缺」的購買決策的，只要購買決策能夠使自己感到比較滿意就行了。

　　第四，情緒型的人。這種假設是許多營銷人員所持的一種比較符合人性的觀點，而且近年來也比較受人們的歡迎。該假

設認為，消費者當時的情緒和心境對購買決策具有十分明顯的影響。比如消費者何時何地花多少錢購買這種產品還是那種產品，直接受制於本人當時的心境狀態；還有許多購買行為都是與消費者當時的情緒緊密聯繫在一起的，例如，愛、歡樂、希望、焦慮等等。有些購買決策甚至就是由消費者當時的情緒狀態直接驅動的，低度介入的消費者和低度介入的產品尤其具有這種特徵。因此，在持這種假設的人看來，只要消費者購買產品時覺得「好」，或者說對某產品及其相關屬性「感覺更好」，那麼這種購買決策就是「理性的」，因為令自己覺得情緒上相對最滿意的購買決策本身就是「理性的」購買決策。

(二) 購買決策的具體過程

我們前面說過，消費者作出購買決策的過程實質上也就是從備選方案中作出選擇的過程。基於此種認識，我們把討論重點放在消費者如何作出對自己的理想品牌的選擇上。市場營銷心理學的研究表明，消費者作出品牌選擇的主要規則或程序有如下三種類型：

第一，補償性決策規則。這種決策規則要求使用者首先必須列出某產品必備的重要屬性，然後分別計算各備選品牌的這些重要屬性上的加權分數或總分。其中得分最高者為購買的首選品牌。補償性決策規則的獨特之處就在於「補償」，也就是說它能夠使某品牌在一個屬性上的積極評估（較高的得分）與在另一個屬性上的消極評估（較低的得分）相互補償或互補。這是因為每種品牌都有各自的優勢屬性和劣勢屬性，因此在優勢屬性上得到的較高評估可以補償其在劣勢屬性上得到的較低評估。補償性決策規則又包括理想品牌模式和期望值模式兩種具

體決策方法。

第二，非補償性決策規則。與補償性決策規則相反，非補償性決策規則並不要求消費者在評估備選品牌時，把某品牌在一個屬性上的積極評估（較高的得分）與在另一個屬性上的消極評估（較低的得分）相互補償，而是要求決策者把那些在其中一種屬性上達不到規定標準的品牌，排除出去不做進一步的考慮。像這種優勢屬性再多，也不能補償其在一種屬性上的劣勢的決策規則，就叫做「非補償性決策規則」。該規則其中又包括多因素關聯模式、單因素分離模式、排除法模式、詞典編纂模式和重點因素模式等五種決策方法。

第三，綜合性決策規則。所謂的綜合性決策規則是指消費者在作出購買決策時，把前述的幾種決策規則同時用來幫助選擇，而且在不同的決策階段使用不同的決策方法。因此，在這類決策規則實質上大都是由前兩種決策規則相互結合後形成的，如關聯—補償法、關聯—分離法等。下面我們具體介紹前兩類決策規則中的幾種模式。

◆理想品牌模式

這一模式認為，每個消費者心目中都有一個對某產品的理想品牌的印象，並用這種理想品牌印象與實際品牌進行對比，實際品牌越接近理想品牌就越容易被消費者所接受。例如，消費者首先給自己心目中的理想品牌打分數，然後再給實際品牌打分數，最後求兩者之間的誤差。誤差越大，表示實際品牌與理想品牌之間的差距就越大，消費者的不滿意程度也就越大。用公式表示就是：

$$D_j = \sum_{i=1}^{n} W_i \left| B_{ij} - I_i \right|$$

　　式中，D_j＝消費者對品牌 j 的不滿意程度

　　　　　W_i＝消費者給予屬性 i 的權重

　　　　　B_{ij}＝消費者對於品牌 j 所具有的實際屬性 i 的信念

　　　　　I_i＝消費者對屬性 i 的理想水準

　　　　　n＝屬性個數

◆期望值模式

　　該模式表明，消費者依據某產品所必須具備的一些重要屬性各自的實際得分，經過計算備選方案中的每個品牌的最後加權總得分，以最高得分者爲選中的購買品牌。用公式表示就是：

$$A_j = \sum_{i=1}^{n} W_i B_{ij}$$

　　式中，A_j＝消費者給予品牌 j 的態度分數

　　　　　W_i＝消費者給予屬性 i 的權重

　　　　　B_{ij}＝消費者對於品牌 j 所具有的屬性 i 的信念

　　　　　n＝屬性個數。

◆多因素關聯模式

　　該模式表明，消費者爲產品的各種屬性分別規定了一個最低的可接受水準，只有所有這些屬性都達到了規定水準時，該產品才可被接受。否則，若有任何一種屬性未達到可接受的最低水準，那麼該產品就不可能被接受，即使其餘各種屬性再突出也白搭。這種決策模式所導致的可接受的品牌很可能並不只一個，因此消費者還需要借助於另外的決策方法做進一步的篩選工作。

◆單因素分離模式

　　該模式實質上是多因素關聯模式的對立面。這種模式要求

消費者首先為產品的每種重要屬性建立一個最低的可接受水準（該水準可能要比多因素關聯模式所要求的要高一點），然後看其中的哪一個品牌的哪個屬性達到了規定的要求。在所有屬性中，只要任何一個品牌的任何一個屬性滿足了要求或者超過了規定的標準，那麼該品牌就被接受。當然，這種決策方法很可能也會導致不只一種可接受的品牌，因此也需要另外的決策方法做進一步的篩選工作。

◆排除法模式

排除法的核心在於逐步「排除」以減少備選方案。該方法要求消費者首先必須給產品的一些重要屬性規定最低的可接受水準，然後排除那些在任何一種屬性上不具備所規定的可接受水準的品牌；接著再把那些所有品牌都已經達到規定標準的屬性，不作為篩選備選品牌的標準排除出去，建立新的標準。這樣一步一步進行排除，直到最終剩下一個品牌為止。因此，就其實質而言，這種決策方法就是在達到規定標準的各種品牌中尋找「獨特優勢」或關鍵屬性。

◆詞典編纂模式

這種決策方法類似於編纂詞典時所採用的詞條排序法，即首先將產品的一些屬性按自己認為的重要性程度，從高到低排出順序，然後再按順序依次選擇最優品牌。換句話說，消費者根據排序中第一位最重要的屬性對各種備選品牌進行比較，如果只有一種品牌在該屬性上得到了滿意的結果，那麼不管該品牌是否在其他屬性上也享有同樣好的評估，消費者選擇該品牌從而結束決策。如果上述比較過程導致了兩個或兩個以上的品牌入選，那麼消費者還必須依次根據第二重要的屬性甚至第三重要、第四重要屬性……進行比較，直到最後剩下一個品牌為

止。

消費者在這種詞典編纂模式中所列出的最重要的產品屬性，實質上在一定程度上很好地揭示出消費者本人所具有的消費動機取向。例如，「購買最有威望的品牌」的消費者具有強烈的「身分取向」，而「購買最便宜的品牌」的消費者則是典型的「節儉型」。

◆重點因素模式

這種決策方法的核心，在於「重點」把握眾多屬性中的其中一種或有限的幾種為評估標準，不論是哪一個品牌，只要它的這一種或這幾種屬性的實際水準達到或超過了要求就會被購買，而對其他屬性的優劣則不加考慮。像這種主要以極有限的幾個屬性為評估標準選擇品牌的方法就叫做「重點因素模式」。

我們必須強調指出的是，在應用上述的兩大類共有七種決策方法進行購買決策的過程中，我們有一個潛在的理論假設，那就是消費者將會從所評估的備選品牌中選擇一個最理想的品牌來。然而，這種最終必定會購買某品牌的決策結果可能出現也可能不一定出現，因為有時候消費者根本無法從備選方案中找到一個稱心如意的理想品牌來。如果出現這種情況，消費者將會有兩種不同的反應：一是作出進一步的努力想辦法實現決策，比如透過降低原來的期望值，或者放寬備選方案的範圍，並進一步去尋求其他品牌的資訊，以此找到最接近原來標準的品牌，從而實現決策。一般來說，這種反應只有在生活必需品的購買過程中才會出現。二是延遲或暫時放棄原來的購買計畫，並把已經收集起來的資訊儲存在自己的長時記憶中以利今後使用。這後一種反應常常出現在隨意性的購買中，或具有很大需求彈性的商品的購買行為中。

5.5 推銷方格理論

推銷方格理論是根據布萊克和莫頓於1964年提出的「管理方格理論」演變而來的。在市場營銷心理學中，人們借助於「管理方格理論」中的9×9＝81種領導風格模式對購銷雙方的行為進行了深入研究，得出了兩種與營銷情景有關的方格圖，其中的每一種方格圖都各有81種不同風格。下面我們就來對其進行討論。

5.5.1 推銷方格圖

從推銷人員的角度來看，我們可以把不同營銷人員的推銷風格用二度座標圖加以表示。其中，縱座標表示推銷人員對顧客的關心程度，橫座標表示推銷人員對銷售的關心程度。縱、橫座標均可分為九格，從而形成一個9×9=81的方格圖。從理論上講，其中的每一個方格代表一種特定的推銷風格，因此共有八十一種不同的推銷風格。這中間最具代表性的推銷風格有五種類型：1.1型、1.9型、5.5型、9.1型、9.9型。（圖5-13）

　　1.1型：這類推銷人員既不關心銷售情況，也不關心顧客，
　　　　　　可稱之為「事不關己型」，其推銷態度最差。

　　1.9型：這類推銷人員對銷售情況極不關心，但卻十分關心
　　　　　　顧客，可稱之為「顧客導向型」。

　　5.5型：這類推銷人員對銷售情況和顧客都有一定程度的關

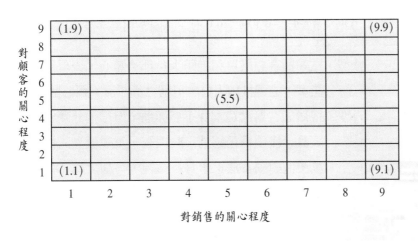

圖5-13　推銷方格圖

心，但他們只關心顧客的購買心理，而不考慮顧客
需要，可稱之為「推銷技術導向型」。

9.1型：這類推銷人員十分關注銷售情況，但不關心顧客，
可稱之為「強硬推銷導向型」。

9.9型：這類推銷人員對銷售情況和顧客都十分關心，可稱
之為「解決問題導向型」，其推銷態度最佳。

5.5.2　顧客方格圖

從顧客的角度來看，我們可以把不同顧客的購買風格用二
度座標圖加以表示。其中，縱座標表示顧客對推銷人員的關心
程度，橫座標表示顧客對購買的關心程度。縱、橫座標均可分
為九格，從而形成一個9×9＝81的方格圖。從理論上講，其中
的每一個方格代表一種特定的購買風格，因此共有八十一種不
同的購買風格。這中間最具代表性的購買風格有五種類型：1.1

型、1.9型、5.5型、9.1型、9.9型。（**圖5-14**）

1.1型：這類顧客對購買和推銷人員都不關心，表現爲不做
　　　　決策，逃避推銷人員，可稱之爲「漠不關心型」。

1.9型：這類顧客對購買本身不感興趣，但卻十分關心推銷
　　　　人員。表現爲重感情、輕理智，重視優良的推銷氣
　　　　氛，而對購買決策本身不重視，可稱之爲「軟心腸
　　　　型」。

5.5型：這類顧客對購買及推銷人員均有一定程度的關心，
　　　　易受消費流行的影響，可稱之爲「幹練型」。

9.1型：這類顧客對購買行爲十分關心，但對推銷人員卻存
　　　　有戒心，本能地採取防衛態度，可稱之爲「防衛
　　　　型」。

9.9型：這類顧客對購買和推銷人員都很關心，要求從營銷
　　　　人員那兒得到準確的資訊，以解決問題，可稱之爲
　　　　「尋求答案型」。

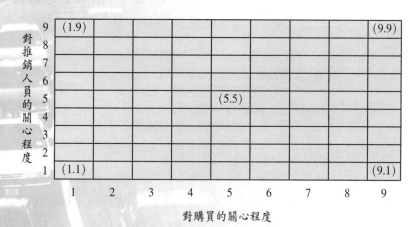

圖5-14　顧客方格圖

5.5.3　推銷方格關係表

　　據研究，推銷人員和顧客的類型不同，推銷績效也存在著很大的差異，見**表**5-3的「推銷方格關係表」。

　　表中「＋」代表可以有效地完成推銷任務，「－」代表不能完成推銷任務，「○」代表介於前兩者之間。

　　從該表我們可以看出：第一，當推銷人員的心理態度趨向於「9.9」時，推銷效果最佳。這類推銷人員無論遇到何種類型的顧客均能夠有效地完成任務，並能夠幫助顧客解決問題。第二，從推銷績效方面進行比較，「9.9」型的推銷人員的推銷績效比「5.5」型的高三倍，比「1.9」型的高九倍，比「9.1」型和「1.1」型的高七十五倍。第三，「顧客導向型」的推銷人員也是不理想的，這類推銷人員只有碰到一位「軟心腸型」的顧客，才能創造出好的推銷成績。

表5-3　推銷方格關係表

推銷人員方格＼顧客方格	1.1	1.9	5.5	9.1	9.9
9.9	＋	＋	＋	＋	＋
9.1	○	＋	＋＋	○	○
5.5	○	＋	＋＋	－	○
1.9	－	＋	○	－	○
1.1	－	＋	－	－	

5.6　市場營銷中的推銷模式

　　所謂的推銷模式是指根據推銷活動的特點及顧客購買活動各階段的心理特徵所歸納出來的一套標準化的推銷程序或推銷工作指南。下面我們將要介紹的四種推銷模式都是在長期的推銷實務中被證明為行為有效的推銷工作指南。

5.6.1　愛達（AIDA）模式

　　愛達模式是四個英文單字attention, interest, desire, action的縮寫，翻譯成中文就是下面十六個字「喚起注意→誘導興趣→激發欲望→促成交易」。

　　「喚起注意」就是喚起消費者的不隨意注意，使其注意力從自我或他人轉向營銷活動資訊，並意識到推銷人員所推銷的產品的存在。喚起注意的關鍵在於透過突出顧客地位的方法營造良好的營銷氛圍。

　　「誘導興趣」就是讓消費者明確意識到購買該產品能夠給自己帶來許多利益和好處，從而激發消費者對產品的濃厚興趣。興趣的誘導主要是透過各種巧妙的方法示範或展示產品的優良屬性，以及本產品優於同類其他品牌之所在。

　　「激發欲望」就是讓消費者產生非要得到該產品不可的強烈衝動。消費者購買欲望的激發，關鍵在於使其明確認識到自己目前的實際狀況與較理想的狀況之間存在著明顯的差異。

　　「促成交易」就是透過一系列方法讓消費者心甘情願地購買

產品，其關鍵在於儘可能最大限度地降低消費者的購買風險。
例如，透過提供良好的換退貨保證及其他售後服務可有效地降
低消費者對購買風險的憂慮。

　　雖然愛達模式在長期的營銷工作中確實很有成效，但是這
種推銷模式的一大弊端是把消費者置於消極被動的境地，忽視
了消費者自身的主觀能動性在購買行為中的作用，也沒有考慮
消費者自身的消費需求特點，因此它只是一種道道地地的從企
業或銷售的立場出發的「推銷」模式，比較適合工作繁忙的職
業階層和自主意識較弱的人，而不太適合那些獨立性和自我意
識都特強的消費者。

5.6.2　迪伯達模式

　　迪伯達模式的核心在於如何抓住「顧客需求」這一關鍵環
節。該模式有如下所述的一套比較完整的推銷程序：

　　1.準確地發現並指出顧客有哪些需要和願望。

　　2.把顧客的需要和願望與所推銷的產品密切聯繫起來。

　　3.證實推銷的產品符合顧客的需要和願望。

　　4.促使顧客接受你所推銷的產品。

　　5.刺激顧客的購買欲望。

　　6.促使顧客採取購買行動。

　　從現代市場營銷的觀點來看，迪伯達模式具有一定程度的
「顧客導向」思想。因為這一模式是從顧客的立場和角度出發
的，因而營銷活動如果取得成功，就在很大程度上滿足了顧客
的需要。另外，該模式也比較適用於向批發商、廠商和零售商

推銷各種工業品和服務產品。

5.6.3　埃德帕模式

埃德帕模式主要包括下列五個步驟：

1.把推銷的產品與顧客的願望聯繫起來。

2.向顧客示範合適的產品。

3.淘汰不宜推銷的產品。

4.證實顧客已作出正確的選擇，並已挑選出了能夠滿足其需
　要的合適的產品。

5.促使顧客購買推銷的產品，作出購買決策。

埃德帕模式的基本前提是消費者已經具有明確的購買願望
和購買目標，因此推銷人員的任務就在於想辦法在自己的產品
與消費者的願望之間架起一座橋樑，用適合於消費者願望的產
品來滿足其需要。雖然該模式也具有一定的「顧客導向」思
想，但由於被動地等待已經形成購買願望的顧客上門，所以其
營銷績效是無法與主動「創造顧客需求」的更具進攻性的推銷
策略相媲美的。就其特點而言，該模式比較適用於店鋪零售活
動。

5.6.4　吉姆（GEM）模式

吉姆模式的側重點與前三個模式有很大的區別，前三個模
式主要是討論出色地推銷產品的具體步驟，而吉姆模式的主要
內容則是透過培養推銷人員的自信性，從而提高其推銷績效。

換句話說，吉姆模式以推銷人員的自信性為仲介，著重說明推銷績效不僅僅取決於任何一個單一因素，而是產品、企業和推銷人員三要素綜合作用的結果。因此，為了順利完成推銷任務，營銷人員必須做到：

　　1.相信自己所推銷的產品（G）。

　　2.相信自己所代表的企業或公司（E）。

　　3.相信自己（M）。

本章摘要

◆ 分析消費者購買行為理論，即消費者為什麼要購買商品，其中包括習慣養成理論、訊息加工理論、風險控制理論、邊際效用理論等。

◆ 分析消費者購買行為模式，即對消費者購買商品的過程進行形象描述，其中包括科特勒的刺激反應模式、尼考西亞模式、霍華德─謝斯模式、EBK 模式。

◆ 消費者進行購買決策的過程遵循三種類型的規則：補償性決策原則、非補償性決策原則及綜合性決策原則。

◆ 四種行之有效的推銷模式為：愛達、迪伯達、埃德帕和吉姆模式。

思考與探索

1.簡述消費者購買行為理論，並對其中一個理論展開論述。

2.試對消費者購買行為模式擇一進行簡述。

3.如何劃分消費者購買決策的類型？

4.試述推銷方格理論的內涵及其在營銷人員培訓中的實際意義。

第6章
市場營銷的創新理念

傳統的以大量消耗原材料和能源爲特徵的工業經濟發展已
逐漸趨緩，而全新的基於最新科技和人類知識精華的知識經濟
型態正顯示出勃勃生機。知識經濟最顯著的特徵便是「知識成
爲生產要素中最重要的一個組成部分」，而資訊則是推動知識經
濟迅猛發展的動力源，現在美國《紐約時報》一天的訊息量等
於十七世紀一個人一生訊息量的總和；一張光碟可以存儲一部
大百科全書的內容；而波音七七七客機的設計則完全在電腦上
虛擬完成。

知識經濟的悄然興起，帶來了軟體的發展、網路的產生、
虛擬技術的廣泛應用等。這使得社會財富的創造與經營方式發
生著深刻的變化。例如，在知識經濟最發達的美國，微軟公司
的市值已大於美國三大汽車公司的總和，而近年來美國經濟增
長的主要源泉是五千家軟體企業，微軟總裁比爾·蓋茲更是連
續三年位居世界富豪的榜首。

6.1　知識經濟與市場營銷創新

科學技術從來沒有如今天這樣，以巨大的威力、以人們難
以想像的速度，深刻地影響著人類經濟和社會的發展。在這又
一次世紀之交之際，全球性的資訊化浪潮正滾滾而來，它正在
把人類帶進一個嶄新的經濟時代──知識經濟時代。

6.1.1　知識經濟的基本涵義

「知識經濟」（the knowledge economy）這個術語源於對知識

和技術在經濟增長中作用的充分理解，它很好地把科學、技術和經濟緊密地聯繫起來。科學技術的生產（研究與開發）和傳播（教育、培訓）已成爲經濟發展的核心。（袁正光，1998）

二十世紀二〇至三〇年代，當時的經濟鉅子莫過於石油大王、鋼鐵大王、汽車大王等等，這些是工業經濟的典型代表。雖然他們也離不開知識，但畢竟是以原材料、能源等物質爲基礎。現代的經濟鉅子，最典型的莫過於世界首富比爾‧蓋茲，1997年擁有三百八十六億六千萬美元的淨資產。而他的產品，無論是過去的「DOS系統」，還是後來的「視窗」或者「辦公軟體」，就是一張軟碟或光碟。一張光碟，用聚碳酸酯做成，物質成本是多少？可是一張「Office 2000」光碟，價值又是多少？是什麼值錢？知識！1997年美國技術行業富豪排行榜，前三位都是微軟公司的，而前十位都幾乎集中在電腦行業，即知識密集型行業。

需要特意強調的是，知識經濟裡的「知識」，其概念已經比我們傳統的概念擴大了，它包括四個方面，即：

1. 懂得是什麼（know-what），是指關於事實方面的知識。如紐約有多少人口？美洲有多大面積？
2. 懂得爲什麼（know-why），是指原理和規律方面的知識。如牛頓三大定理、市場機制、供需規律等。
3. 懂得怎麼做（know-how），是指操作的能力，包括技術、技能、技巧和訣竅等。
4. 懂得是誰的知識（know-who），包含了特定社會關係的形成，以便可能接觸有關專家並有效地利用他們的知識，也就是關於管理的知識和能力。

6.1.2　知識經濟時代營銷創新的意義

　　在知識經濟時代，僅僅依靠勞力和資金的投入已經不能創造更多的價值，重要的是提高知識的生產率——生產知識並把知識轉化爲技術和產品的效率，即「創新」成爲了決定性因素。知識的創新及其創造性應用將成爲人類社會進步的不竭動力，成爲國家和民族生存發展和競爭力的基礎。二十一世紀將是人類更加依靠知識創新和應用以持續發展的世紀。世界將進入全球化知識經濟時代。

　　知識經濟的興起是一場革命。它不僅改變著世界經濟結構和總體格局，也改變著社會組織結構和人類生活方式。二十世紀九〇年代以來，以資訊和通訊產業爲代表的知識型產業成爲世界經濟的主要生長點，知識化、全球化、網路化、數位化和虛擬化等成爲新經濟的主要特徵，知識、資訊、技術、人才和資本在全球範圍內快速流動。同時，現代通訊和交通工具，使時空距離不再成爲制約人類活動的主要因素，人們更加關心生活環境、社區氛圍和夥伴關係，以知識爲基礎的娛樂休閒和文化旅遊等成爲新的時尚，人們的思想觀念也發生了深刻的變化。

　　上述變化對於市場營銷的發展也帶來了革命性的影響，從而迫使我們在營銷觀念、模式、策略、服務、管道、業態與理論上不斷創新，以適應知識經濟時代的要求。

6.2　社會營銷與營銷觀念創新

　　近年來，環境惡化、資源短缺、生態失衡，人類的生存受
到嚴重威脅。這迫使我們不得不重新審視「滿足消費者需求，
擴大銷售」的傳統營銷觀念。既然營銷在一定程度上推動了市
場競爭，促進了生產力的發展，其最終目標是為了改善人們的
生活方式，那麼營銷就不應以破壞生存環境、犧牲人類共有的
明天為代價。例如，保麗龍飯盒雖滿足了生活節奏加快的現代
都市人的需求，但是它造成的白色污染，以及由於其材質不能
被完全分解所造成的資源浪費和垃圾污染卻是十分嚴重的；又
如石棉製品，雖然滿足了工業保溫的需求，但是卻會對人體健
康造成巨大損害；再如，玻璃帷幕所帶來的光污染；含鉛汽油
所造成的空氣污染等等。由此可見，任何一個商品如果不能眞
正為改善人類生活品質而服務，就注定了其最終被淘汰的命
運。

　　因此我們必須從只注重消費者個體利益的傳統營銷觀念中
走出來，站在人類長遠利益的角度，樹立社會營銷新觀念，即
營銷應對消費者和社會福利雙重有益。這就要求我們在了解需
求、滿足需求和參與競爭的過程中納入人類長遠利益的整體思
考，這關係到我們究竟要開發怎樣的商品、滿足怎樣的需求、
培育怎樣的市場。例如，一公司推出的洗髮精在具備洗髮、護
髮功能的同時，其純天然的植物特性、易分解、無化學殘留物
的優點，展示了其社會營銷的新觀念，創造了洗髮品系列發展
的新潮流；又如，一企業集團以環保意識為主導，推出了「綠

色無氟冰箱」，不僅避開了家電價格戰的困擾，而且奠定了其綠色環保企業的社會形象，獲得了豐厚的利潤回報。

由此可見，僅僅單純地滿足消費者需求，而無視社會整體福利的舊時代已經過去，而一個在了解需求的基礎上科學地引導需求，增進社會整體發展的營銷新時代已經到來。

6.3　概念營銷與營銷模式創新

世紀之交，全球經濟競爭更趨激烈，在這全面步入以知識經濟為基礎的時代的時代轉型期，人們全新的「以人為本」的社會營銷觀念正逐步形成，諸如「保護環境」、「回歸自然」、「崇尚保健」等，所以在未來的商戰中，如果營銷活動不把握這一時代進步的要求，那麼任何產品的營銷都將是空中樓閣，沒有生機。

概念營銷與傳統營銷模式相比，反映了兩種不同的營銷理念：傳統營銷將占有已確定市場為目標，以總體成本取勝，是內向型的營銷模式，具有「規模的有限性、時間的階段性、市場的封閉性」三大特徵；而概念營銷則以創造未確定市場為目標，以新知識、高科技概念取勝，是外向型的營銷模式，具有「規模的無限性、時間的長遠性、市場的開放性」三大特徵。

所以，在未來的商戰中，如果營銷活動不把握「概念營銷」這一時代進步的要求，那麼任何以價格或品質競爭為核心的傳統營銷模式都將只是空中樓閣，沒有生機。據調查顯示，在二十世紀九○年代前後，大冷凍室冰箱曾經風靡市場，但隨著近幾年「Mall」消費方式的日益普及，人們開始將超市作為「大

冷凍室」，而不再在家中儲存大量的冷凍食品。正是人們這種對
於「食品儲存」概念的變化，導致了大冷凍室冰箱在市場上的
失寵。

　　正如國際知名學者田長霖教授指出：「觀念型態的知識和
科技，要與市場的需求相適應，如果不與生產過程相結合，是
不能成爲現實的力量推動經濟發展的。」即知識只有市場化，
才能做到知識經濟化。因此，致力於將科學生活方式轉化爲現
實消費需求的概念營銷，作爲知識經濟時代營銷的新模式，必
將具有無限的市場生命力。

6.4　培育市場與營銷策略創新

　　「重眼前，輕長遠：注重現有市場的競爭，忽視潛在市場的
培育」是目前多數廠商在營銷策略上的通病。這帶來的是重複
競爭，盲目競爭，千軍萬馬共同擠占一個有限的市場層面，結
果加速了這一市場層面的飽和，損害了競爭雙方的利益。

　　美國心理學家馬斯洛認爲：人的動機需要是有層次的，可
依次分爲生理需要、安全需要、社會需要、尊重需要和自我實
現的需要。當低層次的需要獲得滿足後，便不再成爲動機因
素，人們轉向尋求高一層次需要的滿足。可見，人的需求具有
多樣性與層次性，市場亦然。任何一個有形的市場都是暫時
的，而需求是永恆的，只注重「金牛」產品的營銷策略，固然
可以帶來眼前的利益，但只有從引導需求的潛在層面出發，把
握、開發潛在市場，才能使營銷眞正爲人們的生活帶來新的變
化。產品需要創新，而其前提必須首先是潛在需求的發掘，只

有在不斷發掘需求、滿足需求的過程中，營銷才能不斷地開發市場、擴大市場。例如，當國內鐘錶業哀歎「進入夕陽時分，市場飽和，無潛力可挖」時，瑞士帥奇公司根據市場調查發現，現代人喜好按不同場合、心情或裝扮佩戴風格迥異的手錶與之相配，於是推出款式新潮的時裝手錶，其玩具手錶更是風靡全球。帥奇公司的成功在於，它發現了人們在日益緊張的現代都市生活中，一種尋求「輕鬆、童真」的心理需求不斷增強，甚至成為了一股「卡通」情結。正是由於把握了人們需求的多樣性、層次性，繞開了普通計時的手錶市場，帥奇玩具手錶才踏上了這輛「卡通」列車而創造了一個手錶新時尚。

6.5 品牌延伸與營銷策略創新

品牌是產品品質與特色的象徵，國內廠商曾長期奉行單品牌的營銷策略，以拓展市場，前些年有些品牌雖風行一時，但隨著買方市場的出現，消費者求異心理的發展，終成曇花一現，過眼雲煙。這是因為單品牌策略將使廠商面臨兩難選擇。如果不強調產品特色，僅靠品牌形象促銷，放棄不同產品的自身特點宣傳，則會因目標市場不明，而難以被市場認同；相反，如果強調不同系列產品的特色，則又會使品牌形象混亂，破壞整個品牌的市場定位，同樣影響銷售。例如，「福斯」作為小型車的品牌曾占據了美國進口車銷量之首，但隨著這一品牌相繼推出豪華車、吉普車等車型後，銷量一路下滑至第四名。可見，單品牌策略在市場競爭空前激烈的今天，已無法適應營銷發展的需求。

我們認為，在廠商不斷推出多種型號、功能、特色的產品，消費者對同一產品具有更多選擇的今天，採取「品牌延伸」這一營銷策略以解「產品個性不明、品牌形象混亂」之急，勢屬必然，具體優點在於：

◆迎合了市場細分

買方市場使得消費者正日益分化成具有不同偏好的消費群體，他們不同的生活型態與品味嗜好要求品牌具備個性化與差異化特點，而品牌延伸策略則透過突出產品特色，迎合了市場細分的要求。例如，美國一公司經調查發現了洗衣粉的九個細分市場，為滿足不同細分市場的特定需求。該公司將原先單一品牌的洗衣粉迅速擴展為九種不同品牌且各具特色，有的注重去污，有的保護織物，有的適合手洗等。透過品牌延伸的策略，該公司成功地樹立了自己的整體品牌形象。

◆擴大了市場占有率

廠商根據各細分市場特點推出系列品牌，既能提高市場總體占有率，更能鎖定「品牌轉換者」。如寶僑公司的美髮用品在「飛柔」的基礎上又延伸出「海倫仙度絲」與「潘婷」兩個品牌，三者分別突出了柔順、去屑以及滋養的不同功效，既突出了各個亞品牌的鮮明特色，又透過系列化的方法集合了各個不同的偏好群體，使寶僑公司的洗髮產品在美國市場的總體占有率高達55％。

◆拓寬了生存空間

品牌延伸策略拓展了企業生存空間，使得系列品牌相互間呈現相對獨立性，即使在市場風險中某一品牌受損，也不易引發骨牌效應，有利於增強企業的抗風險能力。

6.6　維繫顧客與營銷服務創新

　　新加坡一大酒店最近推出「忠誠客戶計畫」，凡光臨該酒店的顧客將獲得一張忠誠卡，每進行一次消費就得到一個玫瑰印花，印花滿五個，顧客即可獲得一次免費住宿的機會。這種透過情感聯絡，旨在培養顧客忠誠的營銷手法，目前風行於新加坡零售服務業，因為人們已認識到：「在有限的市場中，老顧客是最好的顧客。」

　　一般傳統營銷服務的重心在於吸引新顧客，廠商奉行的行為準則是：「進來，交易；出去，走向下一位新顧客。」結果是找到的新顧客為丟失的老顧客所抵銷，形成「漏桶」效應，得不償失。據美國管理學會研究表明，吸引新顧客的費用是維繫現有顧客的六倍；老顧客與新顧客相比，可為企業多帶來20％至85％的利潤；人數上，老顧客雖只占客戶總量的20％，但實際上卻為企業提供了80％的業務量。顯然，維繫老顧客是降低成本、提高利潤、確保市場占有率的最佳方法。對此，菲利普‧科特勒曾深刻指出，失敗的企業常以尋找新顧客來取代老顧客；相反，成功企業則在保持現有顧客的基礎上擴充新顧客，力爭錦上添花。在市場競爭空間日趨狹小的今天，維繫老顧客的重要性更顯突出，因而，廠商竭力與顧客結成牢固的忠誠關係已成為當今服務創新的潮流所在。但要真正做到「使第一次購買你產品的人成為你終生的顧客」，則必須將優質服務貫穿於營銷活動的始終，使顧客滿意，打響服務品牌。

　　另一方面，傳統營銷的目標是要「吸引所有的客戶」，而實

際上任何一種產品都不可能適合所有的消費個體。所以「吸引所有的顧客」實際上變成了無特色、無吸引力。而以當前的會員制爲代表的營銷服務創新，則表達了一種全新的營銷觀念：「吸引目標市場的消費者，並保有他們。」透過這一營銷對象的革命，雖然放棄了一部分市場，但卻強化了對目標市場受眾的利益保障，從而擁有了自己穩固的市場占有率。

顧客是營銷生存與發展的基礎，只有眞正樹立起以消費者爲中心的服務理念，切實維護消費者的利益，提高消費者的滿意感，才能衝出傳統營銷服務的圍城，使之煥發出新的生機與活力。

6.7 電子商務與營銷管道創新

在傳統營銷管道激烈競爭的同時，一場全新的營銷手段革命正在悄然興起。這就是以知識經濟、電腦網路的普及爲背景的「網上購物」（包括「電視直銷」、「電話訂購」等）爲代表的「電子商務」的出現，正深刻地改變著當代人的消費理念與購物方式。例如，1999年聖誕前夕，全美透過電子購物管道訂購禮物的人數已經過半，其中尤以婦女與兒童居多。

所謂電子商務，是指在網上進行的買賣商品和提供服務的交易活動，廣義而言，還包括企業內部和企業之間的商務活動。與傳統交易方式相比，電子商務有以下優點：

1.費用低廉性：由於高度簡化了商品流通環節，提高了交易效率，因而大大降低了交易成本。

2.空間虛擬性：網路技術的運用，跨越了空間的限制，是跨地區、跨國界交易的最有效途徑。

3.交易即時性：網路技術即時互動的特性大大密切了用戶間的關係，促使雙方能在第一時間裡傳遞交易資訊。

雖然這一革命性的營銷手段在國內剛剛興起，電子商務的營銷網路還比較狹小，信用系統、售後服務尚待改善，但其所具有的「費用低廉性」、「空間虛擬性」以及「交易即時性」等諸多優點正初露端倪。

就全球而言，電子商務方興未艾。1999年全美網路零售消費達一百三十億美元；華爾街股市道瓊工業指數突破萬點後，全球最大的網路書店美國亞馬遜書店的股價市值已超過日本新力公司；僅亞洲地區，預計到2003年，網上交易額也將達到一百五十億美元。相信假以時日，電子商務必將逐步取代傳統的營銷管道而成為一股新興的、強有力的營銷力量。

6.8 購物中心與營銷業態創新

購物中心（shopping mall）是以購物為主體，加上休閒、娛樂、消費的多功能集中區，簡單說就是購物消費聚集區。購物中心在發達國家已盛行多年，如果沿歐美發達國家公路，每隔一段車程，就會發現一個購物中心，例如，在人口僅一百多萬的波士頓就有六、七家購物中心。

購物中心一般在居民聚集區尤其是城郊「紮營」，因交通比較便利，且附近往往有交通主幹道。在購物中心內多種業態共

存，往往是以百貨店、大超市等爲龍頭，配以多家專賣店與各種服務性商店（如美容院、餐館、電影院、銀行、旅行社等），這些店鋪可以集中在同一屋簷下，也可以分布於連成一體的建築群中，一般規模龐大。也就是說，購物中心是個大世界，業態紛繁，幾乎涵蓋了包括吃喝玩樂在內的人的多種需求。國外購物中心業態分布比例一般爲：龍頭商店58％、個性化專賣店22％、餐飲區域7％、娛樂區域6％、休閒區域5％、社區服務區域2％。

近幾年，隨著城市化進程的加快，城市居民大量遷往近郊，使得市郊社區發展漸成規模，由此形成的購買力爲購物中心提供了依託，再加上如今便捷的交通網絡已伸展到市郊，所以購物中心也能夠引來較遠地區的客源。同時，隨著商業競爭的激烈化，市中心舊區改造形成大量的商業群，大型百貨商店超常規增長，使得市中心商業密度加大，成長空間狹小，而租金成本越來越高，利潤下降，經營壓力很大，迫切需要尋求新的空間、新的業態。更重要的是，伴隨著知識經濟時代的到來，人們的消費方式已逐漸發生變化，隨著生活節奏的加快，人們將時間、精力也算進了購物經濟帳中，不僅要求商品便宜，而且要求節省時間，來去方便，最好是能在一個地方就能完成購物和其他消費。譬如環狀商業島區逛起來相對要比從頭跑到尾的帶狀商業街方便省時，所以如今環狀商業島區往往生意較爲興隆，帶狀商業街則顯得較冷落些。購物中心正能迎合這樣的消費心理。

可見，購物中心便於消費者進行「一站式」消費，滿足多樣化的購物及購物以外的需求，減少時間成本，增加顧客價值。由於購物中心繞開了難度較大的的品種管理，能集約多種

業態的優勢，分工錯位，使得商品經營既有深度又有廣度，降低了經營成本，聚集起人氣，並提供「購物＋休閒＋娛樂」的組合功能。

目前，國內商業中百貨店數量過多是不爭的事實，大賣場也已近飽和，況且大賣場只能完成一站式購物的20％，不能滿足購物以外的消費需求。此外，傳統的百貨店是大而全的模式，所經營商品的品種很多，千差萬別，商品的採購、經銷、盤點等品種管理的難度很大，往往超過目前多數經營者的能力。而購物中心則是將多種業態有效地組合在一起，商品經營由各業態自身完成、分工協作，龍頭百貨店可以較充分地進行個性化商品的經營，這樣，商品的控制管理要比大而全時容易許多，而眾多專賣店則各展所長，這就形成了一定的商品寬度和深度，給消費者帶來很大的選擇餘地。

全歐最大的管理諮詢公司羅蘭‧貝格管理諮詢有限公司，透過對國外購物中心發展狀況的調查分析，概括出了目前適合的購物中心的四項特徵：

1. 購物中心內部設計不應追求豪華，理想的設計效果應該是簡潔乾淨，氛圍和諧，引導措施健全，體現專業化形象，樓層分布要給人自然、開放、便利和安全感，最好能看見綠色植物和流水。

2. 國外的購物中心一般只有一至二個樓層，容積率低，便於消費者購物，但是在國內中心城市，地價較高，購物中心一般會有多個樓層，如何使得消費者拋棄惰性，願意「登高」？這對於國內購物中心的內部設計和商品營銷提出了更高的要求。

3.國外購物中心的75％設在郊區，其中有40％以上的購物中心甚至設在遠郊，這與發達國家交通便捷發達有關。在國內，購物中心最適宜開設在近郊甚至是中心城區，這樣能兼顧商家的成本和消費者的便利。

4.通常來說，餐飲、休閒、娛樂設施在購物中心中所占面積較大，而目前國內的商業中心這些設施的比例往往較小，因此在開設購物中心時，要特別注意保持酒吧、咖啡廳、茶藝館、特色餐廳等餐飲、休閒、娛樂設施的數量。

總之，購物中心是現代商業必不可少的零售業態，相對於傳統的商業街建設，購物中心是大都市區域商業中心建設較為理想的模式。同時，購物中心內的商店由於長期「耳鬢廝磨」，相互投緣，往往能夠結成策略同盟，當購物中心再另外增闢「戰場」時，它們往往會採取「緊跟」戰術，容易「拷貝」出更多的購物中心。運用購物中心模式，有利於國內商業實現跨地域擴張。然而，任何市場都有一個培育和成熟的過程，商家的探索和消費者的支援，兩者都不可或缺。

6.9 營銷博弈論與營銷理論創新

知識經濟時代的來臨，買方市場的日趨成熟，市場競爭的日益加劇，正極大地改變著國內企業的營銷環境。市場競爭中博弈特性的日益凸現，已促使廣大企業在營銷思考中由單向靜態的傳統思維向雙向互動的現代思維轉換，即採用博弈對策的方式來分析市場營銷的動態，因而營銷博弈論的提出正是順應

了當前營銷理論創新的潮流。

6.9.1 「囚犯博弈」與營銷兩難現象

自二十世紀四○年代數學家約翰‧馮‧諾依曼（J. V. Neumann）與經濟學家奧斯卡‧摩根斯坦（O. Morgenstern）率先提出博弈論後，該理論便被廣泛應用於社會科學諸領域，主要用以對個人和組織的目標相互衝突的狀態進行有效評估。（張維迎，1996：5-6）非合作性博弈（noncooperative game）便是該理論中的一項重要決策模型。它指博弈中參與者之間無法透過協商達成某種形式的用以約束彼此行為的協定，會導致既非參與者也非社會所需要的結果。此博弈模型亦稱「囚犯博弈」或「囚犯的兩難境地」（prisoners' dilemma）。該模型的收益矩陣如下：

嫌疑人乙

		拒絕	承認
嫌疑人甲	拒絕	0 年，0 年	15 年，5 年
	承認	5 年，15 年	5 年，5 年

由上圖可見，兩名犯罪嫌疑人串謀，都不認罪是最優選擇。但由於他們是處於非合作性博弈情境之中，資訊無法互動，所以兩嫌疑人出於規避風險的動機而採取「風險—厭惡」策略，為確保在最劣的可能中獲取最優的結果必將採用「最大最小決策法則」（maxi-min strategy）：從監禁年限最長的可能中，選擇監禁年限最短的策略，即「自己認罪，且指證同夥」。

這樣就導致了非最優選擇的產生。

　　當前，國內市場上價格戰、廣告戰等營銷競爭日趨激烈，疲軟的市場正陷廣大企業於類似「囚犯博弈」的營銷兩難困境。以價格戰爲例，假定同一行業兩家企業面臨「降價」與「價格不變」兩種選擇，其決策收益矩陣如下：

企業乙

企業甲		價格不變	降價
	價格不變	30，30	10，40
	降　價	40，10	20，20

　　由上圖可見，當兩家企業同時採取「價格不變」的營銷策略時，雙方將處於最優利潤狀態。

　　但事實上，任何一方都不會這樣決策，因爲只要一方選擇降價策略，價格不變的另一方則會在市場上陷於被動的境地。所以兩家企業在非合作性博弈情境之中，出於規避風險的動機，必將遵循「最大最小決策法則」，力爭在可能獲取的最小利潤中求取最大化。其結果使得廣大企業陷入了「爲營銷而營銷」的境地，致使在當前營銷競爭越演越烈的同時，在宏觀上造成了「企業個體理性、行業團體盲目」的營銷怪現象，形成了企業經營虧損、市場飽和疲軟的惡性循環。在國際市場上類似的現象同樣存在，以全球石油業爲例（楊秋豔，1999），近年來，由於亞洲金融危機和一些國家的經濟衰退，全球石油市場需求出現萎縮。但是石油輸出國家組織（OPEC）部分成員國出於自身利益需要仍然超額生產，致使本已供大於求的世界石油市場雪上加霜，油價一路走低。1997年OPEC石油平均價格爲每桶

十八美元以上，至1998年則驟降爲每桶十二美元，跌幅達三分之一。1998年OPEC國家因油價下挫遭受的經濟損失高達五百億美元。油價的持續低迷，使得石油企業的生產難以爲繼，經營面臨重重困難。

因此，如何爲營銷探索出一條整體理性之路，使企業衝出這一惡性循環，從理論上解決該難題，已成爲營銷理論創新的思考焦點。

6.9.2 「合作性博弈」突破營銷困境

我們認爲採取「合作性博弈」（cooperative game）策略是走出營銷「怪圈」的最佳選擇，因爲在合作性博弈中，參與者之間透過彼此協商、簽訂協定，共同執行特定的策略，可使雙方避免資源的內部消耗，降低因內部資訊不確定性所帶來的風險成本。如在「囚犯博弈」中允許兩嫌疑人對所採取的策略共同決策，並有一定措施保證雙方不違約，則兩嫌疑人都不會認罪，力圖獲釋，從而獲取最大利益。這一博弈決策模型同樣適用於市場營銷，以煙草行業爲例（克雷格・彼得森等，1998：289-290），美國聯邦政府於1968年下令禁止煙草生產商在廣播電視、報刊雜誌等傳媒上做煙草廣告。起初，煙草商們反對這一禁令，但很快便察覺廣告費用的節省遠大於銷售利潤的損失；同時，煙草銷售經過最初短暫的下滑後迅速止跌回升，並且超出了原先的銷量水準，因爲聯邦政府的相關部門已不再透過廣播電視等媒體進行「吸煙有害」的公益宣傳。可以說，美國政府做了一件煙草生產商們自己無法做到的事——透過強制性的行政手段，迫使全美煙草商的營銷行爲由「非合作性博弈」

轉型爲「合作性博弈」，使之被動地降低了相互之間的競爭強度，擺脫了營銷兩難的困境，成功削減了廣告的投入，大幅度增加了利潤收益。

在當今的國際市場上，日益理智的企業經營者正逐步認識到，基於「非合作性博弈」格局的過度營銷競爭對於企業生存與行業發展所帶來的巨大危害，而積極採取措施努力實現營銷方式的轉型：以行業內「強強聯合、資源分享、優勢互補、協作共存」爲特徵的合作營銷方式正逐步取代傳統的對抗營銷方式而日益成爲全球營銷創新的潮流，其實質則是營銷思維由「非合作性博弈」向「合作性博弈」的悄然轉換。這一發展態勢具體體現爲近年來全球範圍內國際大企業的兼併風潮。自1996年12月，波音與麥道這兩家美國航空製造大企業宣布合併以來的短短數年間，國際大企業的併購案層出不窮，並於1998年4月以全美三大金融企業合併爲標誌（花旗銀行與旅行者公司、美洲銀行與國民銀行以及第一銀行與第一芝加哥銀行合併）達到高潮，涉及金融、製造、石油、軟體、電信、食品、醫藥以及煙草等諸多行業。

可見，目前全球營銷的利益格局正由「封閉對抗」向「合作共存」發展，企業競爭正以營銷方式的轉型爲契機跨入了一個新的歷史階段。

6.9.3　營銷博弈理論的思考與對策

營銷中非合作性博弈現象造成了以下三方面的危害：

第一，嚴重損害品牌形象，企業營銷陷於被動。價格所具有的兩面性，使得產品價格的適度下降確實可起到促進銷售的

作用，但是過度降價則又會抑制產品的銷售。這是由消費人群「按價論質」的心理定勢和「買漲賣跌」的消費預期所決定的。企業如果一味追求低價競銷將會嚴重損害自身品牌，在廣大消費者心目中形成「低價劣質」的產品印象，縮小了未來的價格選擇空間，為今後的營銷增加了難度。而企業為了彌補因低價競銷引起的利潤減少，必然會在原材料選擇、工藝要求等方面降低標準，造成產品品質下滑，使企業發展陷於被動。同時，透過降價策略爭取到的市場占有率，由於缺乏有效的顧客忠誠度，將會因定價更低的企業進入而迅速喪失。過度的廣告競銷同樣如此。

第二，企業虧損、行業萎縮，資源配置結構失衡。過度的營銷競爭作為對抗營銷模式的典型表現，將直接導致企業經濟效益下滑而陷於無利甚至虧損的境地。

第三，催熟產品生命週期，影響經濟健康發展。任何產品都有其生命週期的運行規律，過度的營銷競爭在短期內確能起到刺激消費需求、拉動經濟增長的作用，但從長遠看，由於使產品越過了其應有的導入期與成長期而直接進入了成熟期乃至衰退期，這無異於提前催熟了產品的生命週期，透支了未來的市場消費熱點，不利於成熟有序的消費市場形成。這一短視的營銷行為將會引起市場消費節律的紊亂，影響社會經濟的健康發展，成為縮短景氣週期、引發經濟衰退的重要因素。

據此，我們認為要使企業實現營銷方式的轉型，完成營銷內涵的轉換，必須從以下三方面入手才能取得根本性成效：

第一，將博弈論運用於營銷實務，建立動態均衡的決策評價體系。即充分運用博弈論的思想來評判企業的營銷策略，使企業真正走出「自我利益中心」的對抗營銷方式，以「動態均

衡」的觀念來看待企業之間、行業之間，乃至全球企業的營銷競爭，從而真正步入「互存共容」的「大營銷」時代。

　　第二，進一步強化宏觀調控，尤其要注重業內指導。強化行業自律、確保有序競爭提供了切實有力的法制保障。同時，應注重發揮行業協會在解決行業共性問題、制止低價競爭、規範市場運作上的重要作用，以促進企業的健康發展，維持市場的繁榮穩定。

　　第三，逐步提高經營者素質，塑造新一代企業家。要使企業真正實現營銷模式與內涵的轉變，關鍵在於企業經營者觀念的更新，而這是一個長期、艱巨、反覆的過程，成功與否將取決於經營者市場心理的成熟度。

本章摘要

◆知識經濟的悄然興起，帶來了軟體的發展、網路的產生、虛擬技術的廣泛應用等，這使得社會財富的創造與經營方式發生著深刻的變化。

◆知識經濟的發展對於社會經濟生活的各個方面都帶來了革命性的影響，其中也包括營銷領域，這迫使我們在營銷觀念、模式、策略、服務、管道與理論上不斷創新，以適應知識經濟時代的要求。

思考與探索

1. 試述知識經濟的基本涵義及其對營銷創新的意義。
2. 舉例試述知識經濟條件下幾種營銷創新理念的內涵及意義。
3. 試用「囚犯博弈」模型分析「營銷兩難現象」。

第7章
超市營銷與顧客心理

7.1 零售業與超市

7.1.1 零售業和超市

零售包括將商品或服務直接銷售給最終消費者，供其個人非商業性使用的過程中所涉及的一切活動。

(一) 零售商向顧客出售供他們個人和家庭使用的產品和服務

在分銷管道中，零售商是連接生產商和顧客的最後環節（見圖7-1）。生產商生產產品並將產品賣給批發商。批發商從生產商那裡購買商品並賣給零售商，零售商再賣給顧客。批發商滿足的是零售商的利益，而零售商直接滿足最終顧客的利益。也存在既是零售商又是批發商和零售商直接從生產商進貨的情形。

(二) 零售業歷經百貨商店、超級市場、連鎖經營三次革命

有人把電子零售稱做零售業的第四次革命。零售業的業態也是林林總總，每種新的零售業態均是為了滿足新出現的市場需求。零售業態從產生到衰亡一般要經歷革新、增長、成熟、衰落四個階段。

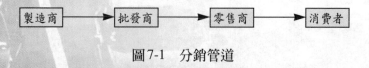

圖7-1 分銷管道

(三) 零售可分為商店零售和非商店零售

商店零售的主要類型有：百貨商店、超級市場、專業商店、超級市場、大型超級購物中心等。非商店零售在零售業中是一個小的但卻是增長的領域，主要的零售形式包括直接推銷、直接營銷（郵購營銷、電視營銷、網路購物等）、自動售貨、購物服務。這些形式與使用不同媒體的消費者溝通。電子購物有很大的增長機會，將來，網路零售商會給消費者在世界購物的機會，並使用電子代理商幫助他們審查資訊並迅速連接到他們想要的網站。

7.1.2 超市的業態

超市究竟是一種什麼樣的零售業態呢？先請看下面一段來自超市的發源地美國的資料。

The U. S. Bureau of the Census 建立並使用一套分類系統以收集美國零售活動的資料。它將所有的零售公司分成了由四位數列成的層級的標準行業劃分代碼。比如食品零售商被劃分為食品店、魚肉市場、蔬菜水果市場等等。便利店、傳統超級市場以及倉儲式的雜貨店都屬於食品店。雖然便利店、傳統超市、倉儲店同被歸為食品店，但是可能滿足的是不同的市場細分中的顧客。便利店迎合注重便利但是不尋求低價和廣泛的選擇的顧客；倉儲式的雜貨店迎合那些希望是低價、但對服務和店內氣氛不是很看重的顧客。

（一）傳統的超級市場（conventional supermarket）

二十世紀三〇年代以前，人們的大多數食物是在臨近的夫妻老婆店（mom-and-pop stores）買的。這些店是家庭擁有並經營的。後來這些店逐漸被大型的自助式而且價格相對低的超市替代。刺激超市發展的社會變化有：汽車的廣泛使用、改善的公路系統、品牌的發展、消費者日益增長的精明、包裝和冷凍技術的改進。這些變化使得消費者到一個超出離家步行範圍的店鋪購物變得容易起來，也使得消費者有了資訊，使得他們在購物時需要店員的幫助變少。

傳統的超級市場是自助式的食品店，提供雜貨、肉類，年銷售額在二百萬美元以上，面積小於二萬平方英尺。在傳統的超市，也銷售有限的非食品類商品，如健康和美容用品以及一般商品。

一半的傳統超市具有濃厚的促銷性質。每週他們都要在某一天的地方報紙上登出這週的降價品。這些重視促銷（promotion-oriented）的超市也提供他們自己的優惠券，或回饋給顧客兩倍或三倍生產商優惠券面值的鈔票。這就是 hi-lo（high-low pricing）定價策略。另一半的傳統超市很少使用促銷形式，並且每天都以同樣的價格出售幾乎所有的商品。這就被稱為天天低價的策略（everyday low pricing, EDLP）。通常而言，這些商店的價格較促銷商店的正常價格低。

（二）大型食品零售商（big box food retailers）

在過去的二十年裡，超市面積增大了，並且開始出售更多種類的商品。在1979年，傳統超市占了超市銷售的85％，而到

了 1995 年，大型的食品零售店形式——超級商店（superstores）、聯合商店（combination stores）以及倉儲式商店（warehouse-type stores）——的發展僅占到了45％。

超級商店是大型的超級市場（面積為二萬至五萬平方英尺）。

聯合商店以食品為基礎，面積在三萬至十萬平方英尺，25％的銷售來自於非食品的商品，如花、健康和美容產品、廚房用品、沖洗照片、藥品和出租影片。

倉儲式商店是折價食品商店，以不帶裝飾的環境提供商品。很多出售的商品都是在供應商提供特別優惠的時候購進的。因此，顧客每次進商店不一定都能買到相同品牌和尺寸的商品。最大同時也是增長最快的是超級倉儲（super-warehouse）。這些店面積在五萬至七萬平方英尺不等，並且每家店的年銷售額從三千萬至五千萬美元不等。超級倉儲通常低價銷售非該店品牌的包裝商品，並且利潤低。

（三）便利商店（convenience stores）

在一個便利的地點提供給顧客有限的種類的商品，結帳速度快，面積從三千至八千平方英尺不等。他們是傳統的夫妻老婆店的現代版。

便利店能幫助消費者很快購物，不需要在大商店裡找尋，也不需要在收銀台前等待。半數以上的商品在購買後三十分鐘內消費掉。由於小的面積和高速的周轉量，便利店通常每天都接受送貨。便利店只提供有限的商品種類，但是價格比超市高。牛奶、雞蛋以及麵包曾經是銷售的主體，現在，雜貨、奶製品和烘焙食品占不到銷量的20％。主要的商品類別是：香

煙、啤酒和酒、軟飲料和做好的食物。

　　在過去十年內，食品零售店面臨著折價連鎖店（discount chains）日益增長的競爭。除了在它們的一般商品折價店中低價出售百貨商店的商品，Wal-mart 和 Kmart 還開設了超級購物中心（super centers），在同一屋簷下出售更廣泛的食品和一般商品。超級購物中心為顧客提供一站式購物（one-stop shopping）服務。

　　傳統超市的銷量受這些便利店的變化的煎熬。由於便利店更新了商品配置和呈現，消費者更願意花多一點的價錢而少花一點的時間。

　　傳統超市對超級商店和便利店的入侵作出了反應，把重點放在了易腐爛食品和肉類食品上。此外，他們提供大包裝的商品以吸引到倉儲式商店的家庭購買者。他們也透過使用更有效的分銷系統來降低成本。

　　基於「採取自助服務方式，銷售食品和其他商品的零售店」的特徵，本章涉及的超市概念涵蓋：超級市場、超級商店、聯合商店、倉儲式商店、便利商店。

7.2　超市策略中的顧客心理

　　零售策略的制定必須先了解零售環境。零售環境的三個主要因素有：(1)競爭者；(2)消費者人口和生活型態的趨勢以及這些趨勢對零售組織的影響；(3)顧客的需要和問題決策過程。本節接下來從顧客的人口組成和生活型態的變化、顧客的需要和問題決策過程來闡明顧客心理研究在了解零售環境和制定零售

策略中的作用。

7.2.1　人口組成和生活型態的變化

　　零售概念的本質就是要求零售商能比競爭者更大程度、更高效率地滿足目標市場顧客的需要。因而一家超市準確預測當今人群的深刻變化，並朝著變化的方向調整自己，才可能在市場上立住腳跟。下述研究結果就是隨著人口組成和生活型態的變化，人們的超市購物行為發生了哪些變化、超市又如何與變化了的顧客進行溝通。生活型態中測得最多的是：活動（activities）、愛好（interests）、觀點（opinions），因此生活型態研究又被稱作AIOs研究和心理圖示研究（psychographic research）。

　　1980年美國的人口普查發現，美國的人口和家庭組成情況較二十世紀六○至七○年代發生了很大的變化。職業婦女的人數急劇增加，達到四千五百六十萬人。在八千二百萬美國家庭中，5％的是單親家庭，25％的是沒有孩子的家庭，22.4％是老年人家庭，13％是由工作的父親和不工作的母親和一個孩子組成的家庭，而以往典型的由工作的父親、不工作的母親和兩個孩子組成的家庭僅占7％。以往家庭主婦是超市的主要光顧者，這群人的心理剖面圖得到很好的定義，但人口組成的變化使得到超市購物的人多樣化，那麼他們在超市購物時行為又是怎樣的呢？

　　Valarie A. Zeithaml研究了五個人口變數——性別、女性的工作狀況、年齡、收入、婚姻狀況和一系列超市購物變數之間的關係。這些變數包括：購買時間和頻率、在超市裡的花費、

超市購物行爲（事先計畫的程度、資訊的使用程度、精打細算的程度）、對購物的態度。

研究發現，男性較女性認爲購物的重要性低且每次購物花費的時間少。在購物行爲上，男性資訊使用（如報紙的廣告、營養資訊、產品更新的資訊）的程度、計畫的程度（如準備購物單、預算等）以及節約的程度（使用特價、優惠券等）均較女性低。男性每週上超市的次數多。由於男性購物者的增加，男性取向的優惠券以及針對男性的廣告資訊就會與女性細分群體不同，因爲男性對購物、計畫和節約的看法與女性不同，減價策略會不起作用，因爲男性基本上不在意在超市購物時節約些鈔票。重新設計迎合男性口味的包裝和POP廣告（即售點廣告）則是上策。

由於職業女性時間的緊促和經濟寬裕，職業女性每週上超市的次數、購買的數量、計畫的程度、資訊使用的程度以及節約的程度較其他女性有顯著的差異。談到購物是否是一件有趣的事情時，職業女性較其他女性的得分低。

單身顧客是一個很大的、成長著的，同時也是需要未被滿足的群體，預計到1990年會增至家庭總數的50％。冷凍食品原本的目標顧客並非他們，但是卻因方便和好的品質而非常受他們歡迎。

隨著人口的老齡化，老齡顧客對零售的重要性越來越大。除了節食和健康的需要，他們還有特別的需要。他們把購物看得比較重要，行爲上帶有強烈的傳統傾向。傳統的促銷最能打動這群人。

1989年，平均每個美國顧客每年花一百四十二個小時購物。但是，到了1993年，平均數只有四十個小時。「購物的時

代結束了，只是看看的時代結束了。」女性在家庭中角色的變
化以及對所有成人的職業壓力造成了一個缺少時間的社會。當
丈夫和妻子都忙著工作又忙著家庭時，空閒時間就變少了。過
去，購物提供了一個社會交往和娛樂的機會。今天，購物帶走
了消費者用來做那些他們必須做且願意做的事情的時間。這些
變化給超市零售商提供了重要的機會，他們可以透過以下途徑
來接近這些缺少時間的顧客。

1. 顧客需要你的時候就能找到你：向一個職業婦女家庭銷售
   商品，要有一些適應策略，而這些是在以前的幾代人中找
   不到的。那些對時間敏感的顧客想買商品的時候必須能馬
   上找到你。比如一些超市早上七點鐘開店，因為不少顧客
   想在忙碌的一天開始之前購物。

2. 加強服務：許多零售商意識到，為沒有時間的顧客必須提
   供較強的客戶服務。零售商可以為顧客保留商品，直至他
   們付清了所有的貨款就是其中的一種。另一種策略是授權
   銷售人員作出決定。顧客並不想花時間等待或和其他一些
   商店人員打交道。

3. 提供資訊：提供給顧客重要的資訊可以減少他們的購物時
   間。資訊標誌和排放有序的商品也能加速購物。

4. 自動化的過程：自動銷售和服務的過程能夠幫助顧客節省
   時間。

5. 提供一站式購物的機會：零售商必須提供給顧客機會，在
   一個地方做多種購物。一些零售商可以策略性地聚集在一
   起以幫助減少顧客的購物時間。

6. 餵養顧客：利用缺少時間的顧客牟利的最好方法之一是提

供給他們高品質、健康且無需再加工的食品。

7.2.2　選址策略中的顧客研究

描畫商圈並預估銷量的方法有：

1. 類推模型：這是最容易實施的一種方法，這種方法尤其適用於小的零售商。使用這種方法，零售商可以根據類似地區的情況，對新店的銷量作出預測。
2. 多元回歸模型：它的邏輯同類推模型一樣，但是是以統計為基礎的，並需要更多的客觀資料。
3. 吸引力模型：該模型基於這樣的前提，顧客更容易到方便和商品選擇多的商店購買。

此外還包括Reilly's法則、Converse's模型、Christaller's法則和Huff's模型。而這些方法多使用地理（如距離）、人口和經濟（如購買力指數）變數，這些變數對確定市場潛量和接近顧客有幫助，但是這些特徵卻和消費者的需求沒有關係。因此，這些方法沒能指出吸引該細分中顧客的必要的行動。此外，了解到顧客尋求的利益點和哪些顧客尋求這些利益點對設計有效的零售組合有用。英國和美國有專門公司向零售商出售某個區域內顧客的人口和生活型態的資料。

依照地理位置的人口細分法（consumer demographic segmentation and geographic location）CAC International將英國消費者的人口細分（性別、生活型態）與地理位置有效連接為八十一種類型。生活型態被從兩個向度加以考慮：家庭組成（單身、兩人家庭及有未成年孩子的家庭、有成年子女的家庭及合

租房間者）和年齡結構（年輕狀態[十八至二十四歲]、成熟狀態
[二十五至四十四歲]、穩固狀態[四十五至六十四歲]、退休狀態
[六十五歲以上]）。地理位置被分為六大塊：鄉村、郊區、市政
區、鬧市區、傳統的郊區居住區以及不同合租房屋區。

　　PRIZM系統（potential rating index for zip markets）是美國
按區域分析了居住在該區域的人的社會階層、流動性、種族、
家庭生命週期、居住情況等資料。客戶可以按郵遞區號等來查
詢。PRIZM系統把美國的居住區域分為六十二類。它的前提
是，住得近的人有類似的消費行為模式。

7.2.3　顧客的需要和問題決策過程

　　如第五章所述，顧客的購買，一般經歷下列一系列的過
程：識別需要、搜索可以滿足需要的零售網點、評估零售網
點、選擇並去購物、購買後作出評價、評價的資訊儲存在顧客
的腦海裡並作用於以後資訊的搜尋和評估。當顧客搜尋資訊的
時候，所有可能滿足其需要的零售形式（超級市場、百貨商
店、網上零售等）都可能被一起加以考慮。零售策略的制定，
必須充分考慮顧客的這一系列購買過程。

（一）識別需要

　　購買過程起源於人們認識到有未滿足的需要。當一個顧客
想要的滿足水準和他現有的滿意水準有所差距的時候，未滿足
的需要產生了。激勵顧客逛超市和購物的需要可以被劃分為功
能型的需要和心理型的需要。功能型需要和一個商品的性能有
關。心理型需要和人們逛超市、購物和擁有一個商品得到的心

理滿足有關。成功的零售商總是試圖既滿足顧客的功能型需要又滿足顧客的心理型需要。透過逛超市和購物可以得到心理型需要的滿足包括：

1. 刺激：零售商透過背景音樂、視覺呈現、香味和示範來為顧客創造一個狂歡的刺激性的經歷。這些環境鼓勵顧客從他們的日常生活中有所喘息。

2. 社會經歷：市場有史以來就是社會活動場所的中心，人們可以在此見到老朋友並建立新關係。很多社區的區域性的購物中心都是碰頭的場所，尤其對那些十幾歲的年輕人，就連電子零售商也透過聊天室提供類似的社會經歷。

3. 學習新的流行趨勢。

4. 自我獎勵：顧客當他們取得什麼成就或想緩解壓力的時候，常以頻繁購物來獎賞他們自己。

（二）搜索資訊

顧客的資訊來源有兩種途徑：內部資訊和外部資訊。內部資訊來源於顧客本身，如購買經驗；而外部資訊來源於廣告和他人的介紹。

零售商必須確定他們的商店在顧客的考慮集合裡。考慮集合是顧客做訊息加工的時候所考慮的一系列的備擇物。為了被列入考慮集合，零售商應想辦法增加顧客在將要去購物時記起該店的可能性。零售商可以透過廣告和定點策略提高自己在顧客中無提示的第一提及率，使顧客一有購物需要就想起自己。高額的廣告費能增加無提示第一提及率。另外，零售商在一個區域內設立一系列店鋪，使顧客經過該區，就會與店名多次不

期而遇，提高無提示第一提及率。

（三）評估選項：多屬性模型（evaluation of alternatives: the multiattribute model）

　　顧客收集並回顧所有產品和店鋪的資訊，評估選項，並選擇最符合他們需要的一個。多屬性模型爲了解顧客的評估過程提供了一個有效的途徑。多屬性模型是基於這樣一個假設：顧客把一個零售商或一個商品視作屬性或特徵的集合。該模型用來預測顧客對零售商或商品在一些屬性上的表現以及這些表現對顧客的重要性的評價。

◆對表現的看法

　　比如，顧客在頭腦中回顧每家超市的客觀資訊，並對每家超市提供的利益形成了印象。每家超市提供利益的程度在一個10點量表上得到反映：10分意味著最好，1分意味著最差。

◆重要性權重

　　也是10分量表，10分意味著很重要，1分意味著很不重要。每個去購物的顧客都有一個獨特的需要集合。通常，對於一家店的各方面表現有不同的側重點，因此，在權重上的得分也不同。

◆評估零售店

　　將零售店各方面的表現乘以權重。研究表明，一個顧客對一家商店的總體評價很接近各方面的表現乘以權重得到的值。

◆選擇零售店

　　當顧客要選擇商店的時候，他們並不是執行著以下程序：列舉出特徵，評價每家店在特徵上的得分，決定每項特徵的重要性，計算出每個店的總體得分，然後去得分最高的店買東

西！多屬性模型不能反映出每個顧客的實際決策過程，但是卻反映了他們對備擇店的評估和選擇的結果。

模型為設計零售組合提供了有用的資訊，比如，零售商可以知道哪些方面是他們改變的關鍵點。零售商如何使用多屬性模型吸引消費者呢？零售商必須透過市場研究收集以下方面的訊息：

1.顧客考慮的備擇店。
2.顧客做店鋪評價和選擇的時候使用的特徵和考慮的利益。
3.顧客給每個店在這些特徵上的評分。
4.顧客給每個特徵的權重。

透過這些資訊，零售商可以透過一些途徑影響顧客來挑選他們的商店。

當確認自己的商店在考慮集合裡後，零售商可以透過四種方法提高自己被光顧的可能性：

1.提高對店鋪表現的看法。
2.降低考慮集合內顧客對競爭店表現的看法。
3.增加某個利益點的權重。
4.增加一個新的利益點。

第一條途徑是改變顧客對零售商表現的看法，增加零售商在這些特徵上的評分。如果在所有的利益點上都提高太耗成本，因此，零售商必須把重點放在其目標市場顧客看重的利益點上。在關鍵利益點上的改變可以導致顧客在總體評分上很大的改變。降低顧客對競爭者在某個或某些利益點的看法的做法，容易觸犯法律和不被顧客相信，因此，不宜採取此種做

法。改變顧客的重要性權重是影響顧客店鋪選擇的另一種途徑。零售商可以增加表現突出的利益點的重要性權重，降低那些表現次佳的利益點的重要性權重。通常，改變權重比改變顧客對其表現的看法很難，因為，重要性權重反映的是顧客的價值。零售商可以試圖增加一個新的利益點，以提高自己在顧客心中的表現。

(四) 選擇地點購買商品

顧客並不總是到得分最高的零售網點去購買。有時基於情境因素（如匆忙）和其他因素（如某個商品只有某家超市才有）而選擇得分不是最高的網點購買。

(五) 購買後評價

當顧客到一個超市買了一個產品後，購買過程並未就此結束。顧客還會作出評價，以確定是否滿意。滿意度是顧客消費後的評價，以確定一家超市是否滿足或超出了他的預期。這些購買後的評價成為影響消費者將來店鋪決策的一部分內部資訊。不滿意的經驗會使得消費者向零售商抱怨或光顧其他的超市。

7.3 超市管理中的顧客心理

7.3.1 商品結構

品種是一家超市的不同的商品種類。有很多品種的商店被稱之爲商品結構的寬度好。類別是一個品種中單個商品的數目。類別豐富的商品被稱之爲商品結構的深度好。大型超市從食品、藥品、日用品、玩具、衣物、運動器材直至家電一應俱全，娛樂、餐飲、修理等服務也應有盡有，鼓勵消費者一次性完全購物。但是其藥品商品的類別比不上藥房多，即藥品商品的深度比不上藥房。便利店經營品種少、周轉快的商品，商品結構窄且淺，營業時間長，主要是爲了滿足消費者方便的消費需要。

傳統超市爲了保持競爭優勢，必須減少單個商品的數量，即實施「有效的商品組合」。但他們之所以未實行這一原則，是因爲他們擔心減少商品數目會降低消費者的商品數目知覺從而影響顧客對其超市的選擇。消費者意識到商品數目的減少主要受兩個啓動線索的影響：喜歡的商品的可獲得性以及擺放某一類別的貨架空間的大小。研究表明，傳統超市可以大量減少商品的數目但是並不影響商品數目知覺以及店鋪的選擇，前提是，減少的是不受歡迎的商品但擺放這一類別的貨架空間保持恆定。因此，減少商品數目的潛在威脅比想像的要小得多。只要顧客喜歡的商品不減少，以及擺放減少了的商品所屬的類別

的貨架空間保持恆定，原商品數目減少在25％至50％之間是顧
客意識到商品確實減少的知覺閾限。

7.3.2　商品陳列與店鋪氣氛

　　當設計和重新設計一個商店時，必須考慮三點。首先，超
市的氣氛必須和總體策略相符合。其次，一個好的店鋪設計可
以影響顧客的購買決策。最後，管理者必須時刻牢記零售空間
的生產力——每平方公尺能產生多少銷量。

　　為了達到第二個目的，零售商必須確定目標顧客並設計能
迎合目標顧客需要的店鋪。為了達到影響消費者購買決定的目
的，零售商必須在店鋪呈現和空間規劃上下工夫。食品雜貨店
是按一個有序的購買流程組織的，並總是呈現儘可能多的商
品。商品經常放在能幫助銷售的地方。比如，衝動購買的商品
（那些沒有計畫而購買的商品，如糖果、電池）通常放在收銀台
附近。消費者的購買行為也受商店氣氛的影響。想想你被百貨
商店的吸引人的標誌所吸引，想想你被超市現烤的麵包的香味
所吸引。零售商透過這些感官的吸引力來獲得你的注意力。第
三個目的是考慮店面設計的花費和能帶來多少銷量和利潤的增
加。在做任何店面設計時，零售商必須把經濟因素考慮在內。

（一）商品陳列的一些小竅門可以幫助零售商提高銷量

　　零售商必須了解消費者的購買經歷，並回答以下問題：顧
客希望怎樣找到商品？是按主題概念呈現、製造商呈現，還是
按樣式、大小、顏色或價格呈現更能幫助消費者觀看、了解和
最終購買商品？最後，零售商必須使用與特定目的相符合的設

備呈現商品。

　　據研究，超市購物者更易回憶出店鋪四周貨架擺放的商品的位置，卻較難回憶出中間貨架上擺放的商品的位置。回憶的正確率與消費者光顧的次數成正比，與商場的大小成反比。超市營銷者應把最具盈利性的產品放在四周貨架上，因爲這些地方更易引起消費者的注意。大型超市或貨架較擁擠，因而消費者視線易受阻的超市，最好要有醒目的指示牌來提醒消費者，因爲沒有消費者願意在超市裡來回尋找商品。

（二）商品的擺放應注重邏輯和有序

　　據資料表明，合理擺放的商品能可觀地增加超市商品的銷售額。商品擺放應遵循（商品、商標和價格標籤）顯而易見的陳列原則、放滿陳列的原則（貨架商品豐富、品種齊全）、前進陳列的原則（時間相對久的商品放在前排）以及縱向陳列的原則（系列商品垂直陳列）。人的視線上下移動夾角25％，左右移動夾角50％，消費者站在離貨架三十至五十公分距離挑選商品時能清楚看到一至五層貨架上陳列的商品，卻只能看到橫向一公尺左右距離內陳列的商品。消費者在縱向陳列的商品面前一次性通過時，就可看清楚整個系列商品，從而發揮很好的銷售效果。

（三）氛圍

　　氛圍是透過視覺溝通、燈光、顏色、音樂和香味來營造環境，刺激消費者的知覺和情感反應，最終影響他們的購買行爲。

◆視覺溝通

視覺溝通由店裡和櫥窗裡的圖形、標誌和戲劇般的組成來實現，可以幫助增加銷量。標誌和圖形可以幫助消費者發現一個部門或商品。圖形可以增加商店的個性、美觀和氣氛。

◆照明

雖然沒有科學的證據，但經驗表明可以透過溫暖的白色燈光不均勻地照明來達到輕鬆的氛圍。照明配置如果與店寬方向平行，能使店面顯得廣闊，如果點狀燈光隨機配置，能使銷售空間富於變化，氣氛生動。

◆顏色

創造性地使用顏色可以提升零售商的形象並幫助創造氛圍。研究表明，暖色（紅色、黃色）和冷色能產生出相反的物理和心理效果。比如，暖色可以提高血壓、加速呼吸以及其他一些生理反應。當我們把這些發現置於零售環境，暖色被認為可以吸引顧客並獲得注意，但是也可變得讓人不愉快。相反，冷色是放鬆、平和、安靜和令人愉快的，這些顏色對零售商銷售可能引起焦慮的商品有幫助，比如貴重物品。暖色對想產生興奮的店鋪有幫助。超市與便利店一般都採用明亮、清晰、彩度高的色彩，目的是烘托出豐富感。

◆音樂

音樂不同於其他製造氣氛的元素之處在於它能輕易地作出改變或調整。比如，早上，超市可以放與成年人相應的音樂，而到了放學的時候，可以放十多歲的兒童喜歡的音樂。零售商可以用音樂來影響顧客的購買行為。音樂可以控制店內通行的速度，創造形象，並吸引或引導消費者的注意力。音樂也可能因抑制消費者評價商品而使顧客變得不滿，因為顧客的大腦會

因為音樂超載而不能正確評價商品。音樂節奏影響超市顧客的
平均逗留時間和平均開支，儘管消費者對背景音樂的變化覺察
不出來。音樂甚至影響到商品的選擇，在一項研究中，播放法
國音樂會使法國酒的銷售比德國酒好，播放德國音樂又會使德
國酒賣得比法國酒好。

◆香味

很多購買決策過程是建立在情感的基礎上的。對於人類感
覺而言，氣味是最能影響情感的因素。氣味，比起其他感覺
來，直接和快樂、饑餓、難過、鄉愁等聯繫起來，這些情感也
是營銷者想叩響的情感。特定的氣味可能給顧客帶來好一些的
心境，也可能讓他們在店裡停留的時間更長一些。更好的氣味
能帶來更好的銷售。

7.3.3　促銷

超市的促銷組合有：廣告、銷售促進和公共關係。

超市廣告是營銷者為吸引消費者做的廣告，常以價格和可
獲得性為取向，描述的是一部分以促銷價銷售的商品。生產企
業的產品廣告說的是到任何地方買我們的品牌和產品；而超市
廣告說的是到我們這來買產品，數量有限，售完為止。人們很
難評定單個產品廣告的效果，超市廣告則很容易評定，甚至當
天就能見分曉。美國有人曾做過一項調查，發現僅有6.6％的美
國中西部地區的城市居民認為零售廣告是可信的，僅有13％的
消費者認為減價廣告是可信的。因此超市廣告要講究效果，不
可誇大其辭，否則消費者會因期望值過高而產生受騙的感覺。

銷售促進的方式有：競賽、對獎、彩票、贈品、優惠券

等。據A. C. Neilsen 1986年的調查，將近五分之四的美國家庭購物時使用優惠券。消費者使用優惠券會導致購買加速以及轉換使用品牌。了解消費者使用優惠券的行爲對於營銷經理以及消費者研究是至關重要的。優惠券的特徵和個體特徵是預測優惠券使用的兩大方面的因素。B. Mittal（1994）提出優惠券使用的整合模型（見**圖**7-2），並以超市消費者爲研究對象對模型進行了驗證。

在他的研究中，定義了消費者使用優惠券的四個探索變數：花費／利益知覺、與購買行爲相關的個體特徵、非人口特徵的一般消費者特徵和人口特徵。在花費／利益的知覺中，他發現以往僅用經濟利益和時間損耗來解釋消費者使用優惠券的行爲，實際上負擔也是相當重要的因素，因使用優惠券而不得不購買不喜愛的品牌，即稱爲品牌負擔，也會影響優惠券的使用率。享受也是另一個重要的變數，確實有一大批消費者把剪

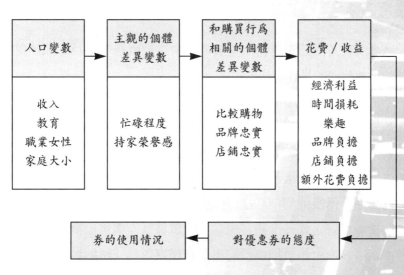

圖7-2 優惠券使用的整合模型圖

券、積累券以及用券購物視爲樂趣，尤其是那些經濟型的、比較購物的消費者。人口特徵的變數對優惠券態度的預測很弱，因爲人口變數是透過一系列的中間調和變數起作用的。人口變數是客觀的個體差異變數，這些變數和與購買行爲有關的局部個體差異變數，一起構成了解釋誰使用優惠券和爲什麼使用優惠券之間的中間橋樑，也可以說構成了人和消費購物券行爲之間的黑箱結構。舉例說明，收入高的職業女性的家庭，因爲繁忙，知覺的經濟狀況好，對於持家的榮耀感並非很強，注重品牌和購物場所，比較購物的程度低，對於使用優惠券帶來的費用節省不是很在乎，但對於消費購物券就必須到不喜愛的店面購物或購買不喜愛的品牌則相當在意，尤其不想花費大量的時間，她對使用優惠券的態度消極，因而不大用優惠券。

公共關係也是一個非常有效的促銷手段。

7.3.4　人員服務

消費者進超市購物所接觸的人員主要就是收銀員，收銀員的形象代表的是超市的形象。

在一個有關超市收銀員角色的定性調查中，分析了管理者及顧客對收銀員的影響。顧客在工作中對收銀員最有直接的影響；管理人員的影響更正式但是更遠。進一步研究發現，顧客對誰有權利控制服務中的遭遇有不同的理解。顧客會花時間挑選商品，但是他們抱怨把時間花費在收銀台上。因此，收銀員必須態度好。此外，顧客經常把收銀員當作零售組織和他們的聯絡員。而收銀員把自己的主要責任定義爲「讓顧客通過」和「收錢找零」。

　　Anat Rafaeli曾經觀察五家超市的一百九十四對收銀員一消費者的相互作用，發現越是繁忙的時候，收銀員的積極情緒越少，因爲收銀員唯恐對消費者越友好，相互作用的時間就越長，排隊等候的人也就越多；相反，消費者的要求越多，收銀員呈現越多的積極情緒，因爲熱情友好的人易被接受和喜愛，愛挑剔的消費者也就容易妥協和合作。

　　收銀員可以透過歡迎（說「歡迎光臨」）、目光接觸、微笑及致謝（說「謝謝惠顧」、「歡迎再次光臨」）向消費者傳達積極的情緒，創造友好的購物環境。情況往往是收銀員雖然說著「歡迎光臨」之類的詞，目光卻轉向鍵盤或商品。要麼語氣冷淡，要麼有一搭沒一搭地表示歡迎，結果是消費者感受到的是例行程序而不是收銀員的愉悅和殷勤。因此，積極情緒的呈現有兩個層次：一層是歡迎、目光接觸、微笑和致謝；一層是包括上述過程的與消費者的接觸中表現的愉快和殷勤。

　　消費者對零售業提出批評最多的環節，就是在購物交款時等待時間太長。消費者尤其不能接受因爲管理者的過錯而導致的耽擱，如人員效率低、人員不足以及無快速通過；而外部因素導致的擁擠現象相對易被消費者接受，如下班高峰、大量購物的消費者和一些隨機因素。消費者可忍受的排隊時間取決於秩序是否井然以及一切能反映等候的時間長短的跡象（隊伍中的人數以及他們推車中貨物的數量、收銀員的速度）。超市管理者應採取相應措施，減少平均隊伍的長度和分散消費者的注意力。用於減少平均隊伍長度的措施有，設快速收銀台，一旦當隊伍人數超過五人便自動增設收銀台。此外就是使用廣告、宣傳畫等視覺刺激將消費者的注意力從當前排隊的經歷中轉移出來。

　　也有研究表明，幾乎抽樣的所有超市的消費者都抱怨受排隊之苦，等候時間的長短看來並非消費者選擇超市的顯著的決定因素。Kostecki（1996）認爲擁擠可以作爲商店吸引程度的指標，超市收銀台的瓶頸結構造成的擁擠氛圍，實際上鼓勵了消費者的消費。長的等候隊伍能給潛在的消費者傳遞生意興隆的資訊。等候的時間可被看成是購買活動的中斷，排隊的心理體驗也可使消費者爲下次可能的等候做好準備。

本章摘要

◆零售包括將商品或服務直接銷售給最終消費者，供其個人非商業性使用的過程中所涉及的一切活動。超市是零售業態的一種，於二十世紀三〇年代產生於美國。超市是採取自助服務方式，銷售食品和其他商品的零售店。

◆零售策略定義了零售商的目標市場、零售商想用來滿足目標市場需要的零售形式和零售商得以建立能長久保持競爭優勢的基礎。消費者人口和生活型態的趨勢、商圈內顧客的人口和生活型態，以及顧客的需要和問題決策過程是了解超市營銷環境、制定零售策略的關鍵之一。

◆零售組合是零售商用來實現其定位，滿足顧客需要和影響購買決定一系列因素的組合，包括人員銷售、選址、顧客服務、店鋪設計和呈現、商品組合、定價。本章從有效的商品組合、商品陳列與店鋪氣氛、促銷和人員服務的角度論述了顧客心理的研究對超市管理的作用。

思考與探索

1.什麼是零售策略和零售組合？

2.顧客心理研究在超市零售策略的制定以及超市管理中的作

　用表現在哪些方面？

第8章

人員推銷的技巧

8.1 人員推銷的特徵與作用

8.1.1 推銷過程的心理分析

從心理學角度來看，推銷過程的實質是推銷員與客戶之間的溝通過程、推銷員說服客戶的過程，以及客戶態度發生轉變的過程。

推銷過程是一種溝通，是推銷員與客戶之間的資訊溝通。一個完整的溝通模式將回答：(1)誰；(2)說什麼；(3)用什麼管道；(4)對誰說；(5)有何效果等問題。圖8-1用九個因素表示這種溝通模式。

其中通報人與接受人分別為溝通的雙方，即銷售人員與客戶；資訊和媒體是溝通的主要工具；編碼、解譯、反應、回饋是溝通的主要功能；噪音是指在溝通過程中發生的意外干擾與

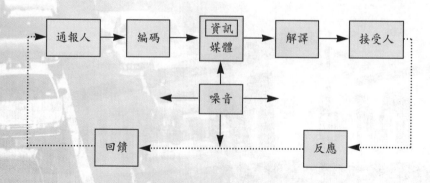

圖8-1　溝通過程的模式

失眞。銷售人員作爲通報人，必須知道他們想把資訊傳遞給什麼樣的消費者、用哪些有效的媒體進行傳播、傳遞一些什麼資訊，以及如何對資訊進行編碼、包裝。爲使資訊有效，通報人的編碼過程必須與接受人的解譯過程相吻合。通報人與接受人兩者共有的經驗常識越一致，資訊的傳遞就越有效。

推銷過程不僅僅強調由推銷員對消費者的主動說明與介紹，同時也強調推銷員廣開回饋管道，了解對方的反應。在宏觀銷售策略的制定過程中，銷售部門經常用市場調查的方式收集客戶的回饋資訊。對推銷員來說，他必須學會在談話中認眞傾聽客戶的講話內容，尋找溝通訊息過程中的失誤，加以糾正和彌補。所以有人告誡推銷員：「要學會聽。」

商業市場中的噪音指人們每天都將接受到的幾百種商業資訊。由於注意力的有限性、刻板的印象作用或記憶力的局限性而不能接受到特有的資訊。在具體談話中，推銷員不良的行爲動作、不規範的推銷語言，甚至不討人喜歡的衣著外貌都有可能成爲影響客戶接受主要資訊的噪音。

(一) 推銷過程是說服與態度改變的過程

◆態度的概念

態度可定義爲個體對社會事物所持有的穩定的心理傾向。態度來自過去的經驗，又影響未來的行爲。一般來說，消費者對一種產品越喜好，發生購買行爲的可能性越大。如果能夠了解消費者對自己的產品商標形象等的態度，廠家和經營者就有可能透過各種努力去強化消費者原有的積極態度，或者去改變他們原有的消極的、甚至是反對的態度，從而促進購買行爲。現在態度因素已經被用來作爲預測消費者對商標的喜好、購買

行為和商業週期轉折的指標。

態度的性質歸納起來有以下幾點：

1.態度是後天習得的：先天需要對態度可能產生一定影響。

2.態度必有對象：這種對象可能是具體的個人、一個物體、一個商標或一則廣告等等，也可能是一個團體、一類產品、一個商店和整個公司。此外，抽象的思想觀點也可能成為態度的對象。

3.態度有其方向、強度和信任度：態度的方向指對某個對象表現出喜歡、不喜歡或反對；態度的強度指喜歡的程度；而信任度則指對某對象的確信水準。

4.態度一旦形成，將持續相當長的時間：態度可以變化，但短期內較少有大的波動。

5.態度對人的行為有調節作用。

6.態度有一定的結構，如圖8-2所示。

態度是人類心理重要的調節機制。首先是為滿足需要而對那些能夠滿足需要的對象產生肯定的態度。人們總是試圖購買

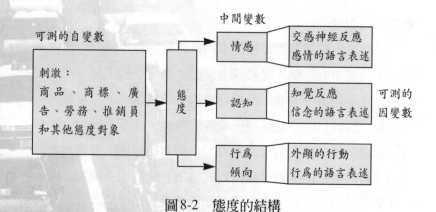

圖8-2　態度的結構

受益最大、受損最小的產品。購買後感覺越滿意,則肯定的態度越強,重複購買的可能性越大,改變這種態度就越困難。其次,態度有種自我防衛的功能。狐狸吃不到葡萄說葡萄是酸的,人們對無法購買的高檔或不合用的產品產生否定的態度,可以避免在精神上引起困惑。第三,態度有某種價值表現的功能。自我防衛的態度是維護自己的形象,而表現價值的態度則是表現消費者的自我形象。人們常常透過採取某些態度,努力把自己的價值觀轉換為更易表現的實在東西。例如,對穿著講究的人來說,幾千元一套的西裝能表現自己的追求與價值,因而對它有肯定的態度。第四,態度有某種知識功能。如果有人對空調產品產生肯定的態度,他會關心與空調有關的各種知識,對推銷員提供的有關資訊也特別感興趣。態度是人們決定接受什麼資訊的參照系。

　　從態度的功能和特點中不難看出,態度是推銷員在說服客戶時面對的一種心理結構。推銷過程就是說服客戶促使態度朝肯定方向轉變的過程。

◆態度的形成與轉變

　　態度先於行為,而且態度導致行為。所以經營者才千方百計採用各種市場策略,諸如廣告、商標、包裝、人員推銷等去影響消費者對產品的態度。態度的變化分為兩類:一類是過去沒有對該產品有關的知識和態度,現在開始形成一定的態度;一類是已有某種態度,現在需要去改變它而形成新的態度。前一類稱為態度的形成,後一類被稱作態度的轉變。

　　促使態度形成的方式有:

　　第一,簡單重複。即便是沒有任何特殊價值的對象,只要以不令人反感的方式多次重複呈現,就有可能使人們喜歡它。

在現實中，人們對熟悉的事物的評價總是高於生疏的事物。廣告就是採取重複方式，用各種感覺管道傳送到消費者的注意中心。推銷員在說服一個客戶時，一般也要計畫用幾次訪問來達到目的，其中有的訪問僅僅是給客戶留下一個印象，以便下次再來。

第二，條件化學習。如果某種對消費者來說無關的商標、品名、產品總是和獎勵或懲罰聯繫在一起，便可以形成一種贊成或反對的態度。這就是態度學習的經典化作用。商品本身的價值、推銷員的言談舉止、贈券或價格折扣、一則好的廣告、產品的老字號大小招牌等等因素，都可以作為形成態度的強化物。有時消費者隨意購買某種產品後感到滿意，便形成了對該產品的積極態度。這是態度的工具性條件化學習。

第三，觀察學習。消費者可以透過觀察他人的行為習得一種新的態度。百事可樂請香港歌星郭富城做廣告，使用的手法就是使消費者透過對明星及其風格的崇拜、模仿而形成對該產品的肯定態度。推銷員現場操作使用產品，或者讓消費者自己試用該產品，也能使他們形成肯定的態度。

第四，態度學習的訊息加工方式。消費者是一個活生生的人，有自己的判斷能力和決策能力。他們在眾多的可供選擇的商品面前，需要得到有關商品方面的足夠的資訊，分析資訊的可信度，對商品的價值和得益的大小進行評估，進而形成不同的態度。推銷員的任務就在於給消費者提供足夠的資訊，儘量讓他們形成肯定的態度。

態度轉變和說服宣傳有關。態度轉變的涵義比較複雜，有質的轉變，如從肯定到否定或由否定到肯定；也有程度上的轉變，如從否定到更否定，從肯定到更肯定或反之。在營銷活動

中，銷售人員的目標之一是透過有效的營銷策略，使消費者對
自己的產品或勞務的消極態度轉變爲積極態度，或者使原先稍
微積極的態度發展爲更加積極的態度。對推銷員來說，他必須
透過有效的人際交往手段，在交談中觀察對方的態度，然後用
適當的說服技巧影響這種態度，使之朝積極的方向轉變。

（二）推銷過程中的促銷組合

作爲市場營銷的重要環節，促銷的作用是溝通個體、團體
或組織，提供資訊和服務，使一個或更多客戶接受所要銷售的
有價物，直接或間接地促進交換。

市場營銷促銷組合由四個主要工具組成：廣告、銷售促
進、宣傳推廣、人員推銷。一些常見的溝通促銷工具，如表8-1
所示。

◆廣告

廣告指任何一種由可確認的出資者付款，而採取的非人員
的促銷形式。它聯繫著組織或產品與要影響的目標。個體和組
織都可以用廣告的方式推銷產品、服務、設想、建議、甚至推
銷其自身。廣告作爲一種用途廣泛的現代市場營銷促銷手段，
有如下特性：

1公共展示：廣告是一種高度公共性質的溝通方式。這種公
　共性質使產品具有合法性，保證產品以標準的方式供給消
　費者，讓許多人都接收到同樣的資訊，形成一種大眾都能
　理解的消費動機。

2.滲透性：廣告是一種可以使銷售者把有關資訊作多次重複
　宣傳的滲透性媒體。大規模廣告從正面說明了銷售者的規

表8-1　一些常見的溝通促銷工具

廣告	銷售促進	宣傳推廣	人員推銷
印刷與廣播廣告	競賽、遊戲	記者招待會	銷售介紹
外包裝	賽馬、彩票	演講	銷售會議
隨包裝廣告	獎金和禮品	研討會	電話營銷
郵件	樣品	年度報告	獎勵節目
產品目錄	交易會與商品	慈善捐款	推銷員榜樣
電影	展覽會	公共關係	交易會
家庭雜誌	商品陳列		商品展覽會
小冊子	表演		
海報和傳單	價格優待券		
說明書	回扣		
廣告單行本	低息融資		
廣告牌	招待會		
醒目招牌	以舊換新折扣		
售貨現場陳列	附贈品積分票		
視聽材料	編配商品		
標誌與標語			

模、名望及其成功情況，同時也使消費者接受各種競爭者的訊息，加以比較，作出合理選擇。

3.放大的表現力：廣告透過巧妙地利用印刷、聲音和顏色等為公司或組織及其產品提供生動的表達機會，提高知名度、鞏固銷售率。

4.非人格性：廣告不像其他促銷形式那樣有強迫性，受眾並不感到有必要去留心或作出反應。廣告的成本一般較高，且對於受眾只能獨白，無法對話，回饋較慢。

◆銷售促進

　　這是一種鼓勵購買或銷售某種產品或服務的短期刺激方法。它能引起強烈、迅速的反應，使產品供應在短期內非常引

人注目，從而暫時提高產品的銷售量。銷售促進的工具多種多樣，例如贈券、競賽、獎金等。歸納起來有三個顯著的特點：

1.溝通：它們通常能極大地吸引消費者的注意力，把他們引向產品，並提供足夠的資訊。
2.刺激：它們採取某些讓步、誘導或贈券的辦法，減少銷售者的利潤，增加消費者的利益，刺激消費行為。
3.誘導：它們具有明顯的促使消費者立即進行交易的誘導性。

◆宣傳推廣

使用宣傳推廣這種工具，當事人不需付款，透過在出版物（如報刊雜誌）上刊登商業性的重要新聞，或者透過廣播、電視、舞台節目獲得有利的介紹，造成對產品、服務或業務單位需求的非人員性刺激。當然，「不需付款」僅僅是表面現象，公司或組織為了宣傳推廣，要進行大量的「公關」。

◆人員推銷

人員推銷即在相互交流的環境中透過個人接觸，與一個或更多的潛在購買者交談，以達到推銷商品的目的所作的口頭勸說。人員推銷在購買過程的某些階段，特別是推動購買者的偏好、信心和行動階段，是最有效的工具。與廣告等其他促銷手段相比，人員推銷有三個顯著的特性：

1.個人接觸：人員推銷包含著兩個或更多的人之間的一種活躍的、直接的和相互作用的關係。每一方都能就近觀察彼此的需要和特點並立即作出調整。
2.培養：人員推銷可以引出各種各樣的關係，從就事論事的

推銷關係到個人的友誼。有效的銷售代表如果想和消費者
保持長期鞏固的關係，通常會牢記對方的利益。

3.反應：人員推銷可使購買者在聽了銷售談話後感到有某種
義務，即使用「謝謝」這樣的定性客套話回答推銷人員，
他們也覺得有必要給予所推銷的產品應有的注意，並作出
反應。

8.1.2　人員推銷的特徵與作用

（一）人員推銷的特徵

如前所述，人員推銷是在交易環境中透過個人接觸給顧客
（或潛在顧客）提供有關資訊，並說服顧客購買產品的過程。它
給經營者提供最大的自由，隨時調整方向，滿足顧客的需求。
與其他銷售方法相比，人員推銷的目標最明確，它能使營銷人
員把全部精力集中在最有前途的銷售對象上。而其他銷售方法
的目標是一群尚未分類的人，其中有許多不是有希望爭取的潛
在顧客。

人員推銷比廣告承擔著更長期的任務。商業組織花在人員
推銷上的錢要多於其他銷售方法。廣告可隨時決定做與不做，
但銷售人員的規模和報酬要改變就難些。與每年花在廣告上的
八百七十八億美元相比，美國公司每年在八百多萬名推銷人員
身上的花費超過了一千七百二十億美元。隨著市場競爭日趨激
烈，各公司用於推銷人員的費用將越來越高，這種高投入和緩
慢、長期的經濟效益形成鮮明的對比。

現在，經濟市場上成千上萬的人湧入推銷、經紀這種行

業。由於推銷員、經紀人等職業收入頗豐，自由度大，創造性
強，訓練水準較高，吸引了大批有志於斯的人員。不幸的是，
公眾對推銷員等職業有種誤解。最近美國一項調查顯示，商學
院學生在各種促銷方法中，只有25％的學生直接想到使用挨門
挨戶的人員推銷方法，大約59％的被調查者對這種手段抱有反
感。事實上，現在人們提起推銷員，就聯想起串街走巷、登門
入戶的小商販，用三寸不爛之舌兜售廉價產品。許多專家學
者，包括推銷員自身，都應為改變和糾正人們的錯誤印象而努
力。

　　在不同的公司，人員推銷的目標不盡相同。但有一個共同
點，就是尋找有希望的對象，說服他們購買產品。因此，對推
銷人員來說，識別哪些人對組織或公司的產品感興趣的能力至
關重要。由於大多數銷售對象在決定購買之前要得到有關產品
的資訊，推銷員必須查明顧客的資訊需求特點（單面或雙面宣
傳、重視品牌或重視新穎程度等），給他們提供相關且中肯的訊
息。為此，推銷人員必須得到產品和推銷過程技巧的良好的專
業性訓練。

　　推銷人員在完成交易活動中運用的策略是「推」，即推動顧
客產生立即購買行為，或是推動批發商、中間商、零售商積極
從事銷售活動。而廣告、宣傳等促銷手段則運用「拉」的方
法，先在消費者身上投入一定的資金，讓他們對某種產品產生
需要，然後去找零售商指名購買這一產品；零銷商則向他們的
批發商指名購買這一產品；而批發商則向他們的生產商採購這
一產品。優秀的銷售人員會同時兼用「推」與「拉」的策略，
一方面把主要精力放在「推」銷上，另一方面注意培養和挖掘
潛在顧客，激發他們的注意力和興趣，利用優質的服務使消費

者對產品產生信心，促進消費者主動地去尋找所推銷的產品。

　　人員推銷直接體現著現代市場營銷中以消費者爲中心的原則。消費者的需要是否得到滿足是衡量社會主義市場經濟發展程度的一個重要因素。由於個人接觸這一特點，人員推銷使消費者能直接感受到服務的好壞，進而形成對該產品和公司的印象，影響後繼的消費行爲。所以，人員推銷對維護市場體系、更好地滿足公司和顧客兩方面的需要來說都是非常有益的。

（二）人員推銷的作用

　　原則上講，所有從事於把商品提供給用戶的人都是銷售人員。在商品經濟高度發達的今天，推銷人員由沒沒無聞的配角逐漸成爲企業生產經營活動的中心，成爲企業發展的台柱。推銷人員在市場營銷中的作用主要表現在以下幾個方面：

◆尋求用戶

　　推銷人員的首要作用在於尋求本企業產品的現實用戶和潛在用戶。

◆溝通資訊

　　推銷人員是企業或組織與客戶之間聯繫的紐帶。推銷人員的重要任務之一就是以最受客戶歡迎的方式向現實的或潛在的客戶傳遞本企業或組織的各種資訊。

◆銷售產品

　　推銷人員運用各種方式，使客戶對產品產生信心，最後完成交易。這是公司或企業使用推銷人員的主要目的。

◆收集情況

　　推銷人員處在市場營銷的最前線，天天和客戶打交道，因而對市場比較了解和熟悉。推銷人員透過對市場研究和用戶的

訪問，可以及時地向企業負責市場營銷的決策者提供產品銷售
狀態、價格漲落趨勢、用戶反映、競爭者動向、未來產品的開
發等重要情報。

◆ 引導消費

　　當用戶需要的某種產品缺貨時，推銷人員可以幫助用戶分
析使用各種產品的利弊得失，引導用戶合理選購本企業的其他
替代產品。

◆ 開展服務

　　產品品質和企業信譽可以吸引客戶，但優質的服務更能穩
住新老客戶，這是人員推銷的最大優點，是廣告等間接促銷方
式所不能代替的。服務有售前服務、現場服務、售後服務之
分。售前服務指產品在製造前，推銷人員就用建議的形式協助
生產商為用戶服務，如產品設計服務、諮詢介紹服務和技術培
養服務。現場服務包括語言美、講禮貌、有耐心、有問必答、
幫助挑選、上門安裝調試、指導培訓操作人員等，讓顧客留下
良好的印象，經常光顧。售後服務則指產品出售之後，繼續保
證消費者的合法權益。售後服務的內容較多，包括維修服務
等。售後服務在鞏固老客戶、發展新客戶的銷售活動中的作用
越來越重要。

8.2　人員推銷的程序

　　大多數銷售訓練計畫在任何有效的營銷過程中都要經歷一
些主要的步驟，如圖8-3所示。

圖8-3　有效銷售的主要步驟

8.2.1　尋找潛在顧客和鑑定他們的資格

推銷的第一步就是識別顧客。推銷員應當具有自己尋找線索的能力。他可以透過以下一些方法來尋找線索：

1. 向現有顧客詢問潛在顧客的姓名。
2. 培養其他能夠提供線索的來源，例如供應商、非競爭性的銷售代表、銀行家和貿易協會負責人等。
3. 加入潛在顧客所在組織。
4. 從事能夠引人注意的演講和寫作活動。
5. 仔細審閱各種資料（例如報紙、雜誌、指南等），尋找名字。
6. 透過電話和郵件尋找線索。
7. 朋友、熟人、親屬介紹。
8. 未先通報，登門拜訪各種辦事處。

銷售員還應該學會淘汰那些沒有價值的線索。對於潛在顧客，可以透過研究他們的財務能力、業務量、具體的需求、地理位置和連續進行業務的可能性，從而衡量他們的資格。推銷員應當給潛在顧客寫信或打電話，以便確定是否訪問他們。

8.2.2　準備工作

　　推銷員應當儘可能地了解潛在客戶公司的情況（它需要什麼、哪些人參與購買決策）和採購人員的情況（性格特徵、購買風格）。在準備過程中，可以向熟人和其他人詢問該公司的有關情況。

　　推銷員應當在以下幾個方面做好計畫：確定訪問目標、決定訪問方法、考慮訪問時機，並初步構思對客戶的全面銷售策略。確定訪問目標包括確定潛在的顧客是否符合資格，從而決定是繼續收集情報還是馬上達成交易。訪問方法可以有多種選擇，例如私人拜訪、電話訪問或是信函訪問。訪問的最好時機也需要事先進行考慮，因為有的潛在客戶在一段時間內會很繁忙。考慮周全的全面銷售策略，可以使推銷員占據一定的主動地位。

8.2.3　接近方法

　　推銷員應當知道初次與客戶見面如何表現，因為這是建構與客戶的良好關係的開端。推銷員的儀表、開場白和隨後談話的內容都有講究。推銷員對待顧客應該殷勤而有禮貌，不能心不在焉，開場白要明確坦誠；在談論主要問題時，要注意傾聽，以了解顧客的需求。

8.2.4　講解和示範表演

推銷員按照 AIDA 的程序向顧客介紹商品，即喚起注意（attention）、誘導興趣（interest）、激發欲望（desire）和促成交易（action）。在這一過程中推銷員應當依據產品性能，著重說明產品給顧客帶來的利益。產品性能包括體積、功率等，利益則如成本低或者省時省力等特點。

推銷講解有三種方式，主要包括：

(一) 固定法

固定法是將顧客置於被動的地位，推銷員將各個要點背熟，透過運用正確的刺激性語言、圖片、條件和行動等說服顧客購買。這種固定法主要用於上門推銷等。

(二) 公式化方法

這種方法與固定法同樣基於刺激—反應這一心理過程。所不同的是，公式化方法事先了解顧客的需要和購買風格，然後再運用一套公式化的講解向顧客進行介紹與推銷。推銷員事先爭取顧客參與討論，弄清顧客的需要和態度，然後在講解中著力說明產品是怎樣滿足顧客的需要的。這不是固定的，而是遵循一個總體計畫進行的。

(三) 需要—滿足法

這一方法的起點是鼓勵顧客多發言，從而了解顧客的眞正需要。這種方法要求推銷員要具有善於傾聽他人意見並能解決

實際問題的能力。國際商用機器公司的推銷員這樣做：我先實
地深入了解我的關鍵客戶的業務，找出他們的關鍵性問題；找
出用本公司的電腦系統產品，或者甚至用其他供應商的產品解
決這些問題的方法。於是我透過比較，向客戶證明我們的系統
是省錢的或是可以幫助我們的客戶賺錢的。最後我幫助客戶安
裝該系統，並證實我所言不虛。

　　推銷講解的媒介，可以是小冊子、掛圖、幻燈片、電影和
產品實樣。推銷員可以藉此更好地示範介紹他們的產品。因
為，如果讓顧客看到或者親自試用實際產品時，他們就越能更
好地記住產品的特點和長處。在示範介紹時，推銷員可以採取
五種影響策略：

1. 正統性：強調推銷員所在公司的信譽和經驗。
2. 專門知識：推銷員表明自己對顧客情況和本企業產品的了
   解程度，但是不要過分誇大、言過其實。
3. 相關力量：推銷員可以在與客戶共同的特點、利益和熟人
   之基礎上建立良好的關係。
4. 迎合討好：推銷員提供個人的善意，例如，請吃一頓午飯
   等，加深雙方的聯繫，並使對方產生互惠的感情。
5. 印象樹立：推銷員設法樹立自身的良好形象。

8.2.5　處理反對意見

　　顧客在產品介紹過程之中或者是推銷員要他們訂購時，幾
乎都會表現出牴觸情緒。這些牴觸有的是出於心理上的原因，
有些是邏輯上的原因。

心理牴觸包括：對外來干預的抵制；喜歡自己已經養成的
習慣；生性對事物漠不關心；不願意放棄某些東西；對別人不
愉快的聯想；反對讓別人擺布的傾向；預定的構思；不喜歡做
決定；對金錢的神經過敏態度等。

邏輯牴觸包括：對價格、交貨期、某些產品、某個公司的
抵制。

要應付這些牴觸情緒，推銷員應當採取積極主動的方法。
例如，進行交談與溝通、請顧客說明他反對的理由、舉實例否
定他們的意見，或者將對方的異議轉化為購買的理由等。

8.2.6　達成交易

有些缺乏信心的推銷員，或者對要求顧客訂貨感到於心有
愧，或者不知道什麼時候是達成交易的最佳心理時刻。推銷員
應當從顧客那裡發現可以達成交易的信號，包括：顧客的動
作、語言、評論和他（她）所提出的問題。

達成交易有幾種方法，例如，重新強調一下協定的重點；
幫助填寫訂單；詢問顧客選擇產品甲還是乙；請顧客對顏色、
尺寸等次要內容進行選擇；提醒顧客現在訂貨正是好時機，錯
過了會遭受什麼損失；以特定的優惠價格勸說顧客，或是免費
贈送額外數量以及小贈品等。

8.2.7　後續工作

推銷員做好後續工作，能夠使顧客感到滿意，或者繼續訂
購。交易達成後，推銷員應著手履行的各項具體工作：交貨時

間、購買條件以及其他注意事項。

　　推銷員一般應當在接到訂單後就制定一個後續工作計畫與日程表，以保證顧客能夠得到滿意的產品與服務，並及時提供必要的指導和服務。透過後續工作訪問，還能夠發現可能存在的問題，讓顧客感受到推銷員的關心，減少認識上的分歧。推銷員最好制定一個客戶維持計畫，以確保客戶不會被遺忘或者忽視。

8.3　人員推銷的技巧

8.3.1　確定推銷風格

　　根據公司的營銷組合策略安排，推銷人員被分配與不同的對象接觸，其形式與內容大致分類如下：

1. 推銷人員與購買者個別接觸：推銷人員面對面或透過電話與潛在客戶或者新舊客戶交談。
2. 推銷人員與購買者群體接觸：推銷人員向購買者群體作銷售介紹。
3. 推銷小組與購買者群體接觸：由公司高級職員、銷售代表、銷售工程師等人組成的推銷小組向購買者群體作銷售介紹。
4. 推銷會議：推銷人員把公司有才略的人員帶去會見一個或更多的購買者，以便討論有關問題，或者提供相互見面的

機會。

5.推銷研討會：公司派一個推銷小組到客戶公司裡爲他們的
有關技術小組成員舉辦教育性的研討會，講解介紹有關技
術的最新發展情況。

因此，推銷員常起「客戶經理」的作用，聯繫著買方和賣
方機構的各種人員。推銷工作需要相互配合，需要其他人員的
支援，例如，需要高層管理部門、技術人員、顧客服務代表、
辦公室工作人員（包括銷售分析人員、訂單催辦人員、秘書等）
的支援。推銷員必須花費一定的精力維持好和他們的關係，使
之在工作中成爲有效的統一體。

推銷人員有直接的和合約性的推銷員之分。直接的（或者
公司的）推銷員包括專職和兼職的雇員，專職推銷員只爲本公
司一家工作；合約性的（兼職的）推銷員可以來自公司內部職
工或兼差人員（從事第二職業），服務的對象不只這一家公司。
直接的推銷包括內線推銷與現場推銷兩種形式，前者在辦公室
透過電話或接受潛在客戶的訪問進行業務工作，後者外出上門
訪問客戶。合約性的推銷員包括生產商的代表、銷售代理商、
經紀人、社會兼職推銷員，他們按其銷售量的多寡收取佣金。

各種推銷員訓練方法都試圖將推銷員從一個被動的「訂單
承接者」變爲一個主動、積極的「訂單爭取者」。

訂單承接者的心理定勢是這樣的：消費者了解自己的需
要，他們討厭任何施加影響的做法，喜歡有禮貌和謙遜的推銷
員。例如，富勒刷子公司的一個推銷員每天敲幾十家顧客的
門，每次只是簡簡單單地問一下是否需要刷子。

將推銷員訓練成爲積極的訂單爭取者，有兩種基本的方

法：銷售導向方法和顧客導向方法。前者用「高壓式推銷技術」進行訓練。例如，推銷汽車、百科全書等商品時運用此種技巧。這一類技巧包括想方設法誇大自身公司的產品優點，批評競爭對手的產品。推銷員往往首先進行準備，接著來一番自我介紹，提供某些讓步，以便能當場獲得訂單。另一種方法是著手訓練推銷員解決顧客問題的能力。推銷員學會如何識別顧客的需要，並提出有效的解決辦法。從營銷觀念上來看，問題解決者要比強行推銷者和承接訂單者更能爲人們所接受。

布雷克和莫頓按推銷員對銷售額的關心程度和對顧客的關心程度這兩方面要素，將推銷風格區分爲各種不同的類型。這兩方面側重程度的不同形成了**圖8-4**推銷方格中的五種類型推銷員。

類型1.1是標準的訂單承接者；9.1型是強行推銷者；5.5型是使用誘勸等軟方法的推銷員；1.9型是人際導向的推銷員，著重與顧客成爲朋友；類型9.9的是幫助顧客解決問題的推銷員，他的推銷風格和營銷觀念最爲接近。

有人持有這樣的觀點：成功的推銷取決於推銷風格是否與顧客的購買風格相一致。例如，伊萬思認爲，推銷可以看成是一個雙向的過程，推銷的結果取決於買方與賣方的特點是否吻合，以及購買風格與營銷風格是否吻合。他發現，人們傾向於在與自己年齡、身高、收入、宗教信仰等方面相似的人那裡購買，而且，在這個過程中，認知的相似比實際相似更爲重要。這一觀點表明，不能只用一種方式去訓練推銷員。

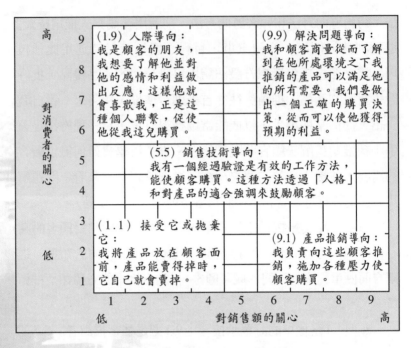

圖8-4　不同類型的推銷風格

8.3.2　鑑定客戶資格的技巧

推銷員透過檢查潛在客戶的財務能力、營業量、特別要求、地點和繼續交易的可能性等方面而對其進行鑑定，淘汰不合要求的客戶，確定每種客戶所需訪問的次數與交易金額。

(一) ABC鑑定法

市場上處理客戶等級的方法是ABC圖示法。它以公司的交易額爲中心，從累積百分比上區分客戶的等級，如表8-2和圖8-5所示。

表8-2　ABC分析表

客戶	營業額（千元）	營業額構成比（%）	累積百分比（%）	等級
a	2000	40	40	A
b	1450	29	69	
c	500	10	79	B
d	350	7	86	
e	200	4	90	
f	200	4	94	
g	100	2	96	C
h	100	2	98	
i	50	1	99	
j	50	1	100	
合計	5000	100		

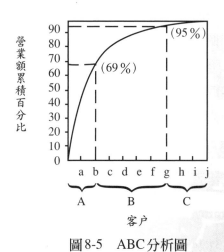

圖8-5　ABC分析圖

　　一般情況下，A級客戶一年得到九次訪問，B級客戶六次，C級客戶三次。這種訪問次數視競爭對手的訪問次數與預期客戶盈利性而定。除此之外，推銷員應花大約25％的時間用

於訪問沒有營業額記錄的潛在客戶，若經過三次訪問仍未成功時便可終止訪問。

　　ABC法有若干缺點。它以營業額為依據，容易把暫時的營業額變動誤認為是客戶等級的變化，混淆客戶的等級。如果ABC曲線很平，表明沒有什麼銷售大戶存在，無法決定銷售的重點。

（二）綜合評定法

　　由客戶的交易評價、零售力（或生產力）評價、綜合評價等三種評價所組成，反映客戶質與量的特徵的綜合式評價，可以用「良好」、「好」、「普通」、「稍差」、「差」五種等級表示出來。

　　首先，從客戶的交易額、公司獲得的利潤率、資金回收時間、客戶從公司購入的產品占其總購入的百分比、客戶未來發展的可能性等五個方面做五個等級評價。

　　其次，從客戶的零售力方面進行評價。若為零售商，評價的向度是商店所處街道位置的優劣、店鋪規模、每年營業額、經營者的資歷素質、未來發展的可能性五個方面；若是企業或公司，評價向度相應為公司的地理位置、占地面積、每年營業額、管理人員素質、未來發展的可能性等方面，然後做五種等級評價。

　　評價以表8-3標準，分別列出每個客戶的交易力評價等級和零售力評價等級，用這兩個向度作圖，可得出四種綜合評價結果（圖8-6）。

　　這樣，客戶的二十五種組合情形分成四種結果：(1)重點管理的客戶，他們尚有發展機會，應加強訪問與管理；(2)改善管

表8-3　客戶評價標準

合計分數	評價內容	等級
23分以上	良好	A
19-22分	好	B
15-18分	普通	C
10-14分	稍差	D
不滿10分	差	E

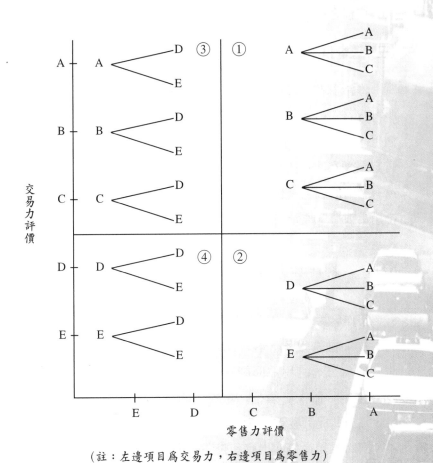

（註：左邊項目為交易力，右邊項目為零售力）

圖8-6　綜合評價制定標準

理的客戶，他們的交易額雖少，但潛力很大，有可能躍升為重點客戶，因此應和(1)並重；(3)次重點管理的客戶，雖然也是好的客戶，但沒有發展前途，要小心維持目前狀況；(4)趨勢管理的客戶，他們未來不太可能發展，應視趨勢而適當停止交易。例如，若縱座標交易力評價為A、B、C其中之一，橫座標零售力評價為D、E其中之一，這種客戶屬於(3)類；而若縱座標交易力評價為D、E其中之一，橫座標零售力評價為D、E其中之一，這種客戶屬於(4)類。

（三）直觀預測法

推銷員在收集所有線索後對潛在客戶加以直觀的分類，其中打算在三個月內購買的客戶稱為「熱線」；打算在三至十二個月內購買的稱為「溫線」；在十二個月內沒有購買意圖，但肯定是潛在客戶的稱為「長期潛在客戶」；而那些不是決策者或有影響的人物，且產品對他沒有用處的，是「非潛在客戶」。推銷員根據這種分類決定訪問時間與次數。

8.3.3　製作客戶卡片的技巧

製作客戶卡片的目的在於使對客戶的管理系統化，節省時間，提高推銷效率。客戶的卡片資料可存檔或存入電腦資訊庫，成為公司的用戶回饋資訊來源。推銷員此時成為公司的「情報員」，每人必須花一定的時間寫推銷報告、製作客戶卡片，為公司提供最新的市場訊息。

同時推銷員每次出發前查閱一下卡片，能及時回憶出新舊客戶的情況，胸有成竹地進行推銷。卡片的內容多種多樣，公

司可為推銷員印刷統一的調查表。一般卡片的內容有：

1.店名（企業名）、負責人姓名、地址、電話、傳真。

2.負責人背景：出生年月日、出生地、學歷、經歷、現在住址、血型、消遣習慣、優點、缺點、擔任職務、社會團體。

3.負責人家庭狀況：性別、年齡、關係、職業、愛好。

4.營業狀況：營業額、員工人數、店鋪大小、興盛程度、環境評價、管理性質。

5.接觸過程：接觸人員、主要會談內容（數量、價格有爭議之點的真實記錄、喪失什麼生意、客戶對產品的新要求、產品的適用性）、被拒絕的原因。

6.預測：要注意的會談事項、準備客戶提出的問題、下一次訪問的目的、下一次訪問的時間。

上述所需要的店名、負責人及地址等基本事項，可以從交換名片、電話簿、有關資料中獲得。有關經營者的性格、營業狀況、家庭狀況等資訊，可以從不和公司衝突的其他同行、同事、熟人處打聽得來。至於銷售額可以從店鋪規模、員工人數乘以市場平均值算出。其他情況從現場實地調查、同行間聽取、觀察等手段獲得資料。

8.3.4 制定訪問計畫的技巧

(一) 公司的銷售計畫制定

如果每個推銷員都沒有得到具體的銷售額分配，他們的活

動便很難納入科學化管理，推銷活動成了漫無目的的活動。推
銷員的銷售額分配一般來自公司計畫與推銷員個人申報兩個方
面。

公司的銷售計畫首先是設定利益目標。若以經營資本利益
率為基準來計畫，則為：

經營資本利益率＝純利益／經營資本

利益目標＝計畫經營資本×目標經營資本利益率

然後計算必須達到的營業額：

必達營業額＝（經營預算＋目標利益）／目標毛利率

例設目標利益為一萬元，經營預算為十萬元，目標毛利率
為15％，則：

必達營業額＝（100000＋10000）／15％＝733333元。

公司總營業額先大致按客戶等級、地區等級、商品等級進
行分配，然後由「過去實績傾向＋市場調查＋預測＋推銷員的
估計和申報公司方針」綜合平衡，略微提高一點後再分配給每
位推銷員。推銷員必須在規定時間內完成這一銷售計畫。

（二）推銷員的時間管理技巧

◆可能的推銷時間

美國一項研究曾經對一千八百九十名推銷員做了推銷時間
的調查。研究者讓推銷員在典型的一週業務時間內，記下一天
裡每個小時所做的工作（平均每天工作九小時二十二分鐘），結
果發現他們的時間分配如下：（圖8-7）

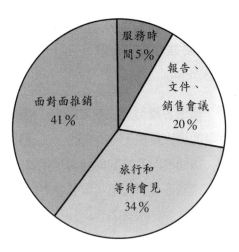

圖8-7 推銷人員的時間管理

1.撰寫報告：每天每個推銷員平均花20％的時間（一小時
五十四分鐘）撰寫銷售報告、製作客戶卡片、擬訂計畫
（有些工作在午間完成）。

2.準備工作：每個工作日中，34％的時間（三小時十分鐘）
用於開會、旅行、等待會見、打電話。

3.訪問推銷：每人每天用41％的工作時間（三小時五十分
鐘）從事面對面的銷售訪問。

由此可見，推銷員每天花在訪問上的時間不超過四小時。
而另一方面，大多數決策人員上午9：30或10：00以前和午飯
後1：30到2：00以前不願見任何推銷員，大約4：00後已經
結束工作，身心都很疲勞，此時雖說任何人都可以見，但效果
很差，因此推銷員可能的推銷時間非常少，每天不足四小時。

◆時間分配原則

分配時間可按兩種原則進行。

第一種是訂出訪問日程表，列出在哪個月份要訪問哪些客戶和潛在客戶以及要進行哪些活動。例如，貝爾電話公司的推銷員從三個思路來安排：

1.開發市場：透過各種努力來教育顧客、招徠新的業務和獲得採購行業的更大重視。
2.招引銷售：透過專門的訪問向顧客推銷專門的產品。
3.保護市場：透過各種努力來了解競爭者的活動並保持與現有顧客的關係。

銷售人員的目的是為了在這些活動中求得某些平衡，這樣公司才不會為取得目前最大的銷量而使市場發展的長期計畫受到影響。

第二種是採用時間與責任分析法。首先，推銷員的時間是有限的，他必須在有限時間裡完成下列任務：

1.旅行：有時旅行時間可達總時間的50％以上。為了節省外出旅行時間，更多的公司鼓勵銷售人員乘飛機旅行，以增加推銷時間的比率。
2.進餐與休息。
3.等候：包括在客戶等候室等候的時間。除非銷售人員能利用等候時間來做計畫或撰寫報告，否則這些時間等於浪費了。
4.洽談銷售：這是指與買方面談或電話商談所有的時間，可分為「社交性談話」（用於討論其他事情的時間）和「商談銷售」（用於討論公司產品的時間）。
5.管理事務：這一項內容十分複雜，其中有用於寫報告、開

發票、參加銷售會議和與公司其他人員商討生產、交貨、
開發票、銷售績效以及其他事務的時間。

因此，推銷人員用於面對面的推銷時間非常少（美國平均
為41％，日本平均為25％）。不少公司訓練推銷員充分利用電
話、簡化記錄表格、利用電腦制定訪問計畫和訪問路線、查詢
有關顧客的市場營銷研究報告來增加實際推銷時間。

銷售工作正在逐步電子化，不少公司準備在區域管理、客
戶管理、銷售訪問日程編制和新客戶預測方面使用電腦決策系
統。

很多公司將推銷人員分為內線推銷員和現場推銷員，擴大
內線推銷員的規模和責任。納那斯和安德遜在對一百三十五家
電子產品配銷商的調查中，發現平均57％的銷售人員是內線推
銷員。這樣做的理由還在於：外線或現場推銷員的訪問成本逐
步上升，電腦和革新的電訊設備（行動電話）的使用日益廣
泛。據預計，未來的內線銷售員和現場推銷員的比例將是2：
1。

內線銷售人員有三種類型：一是技術援助人員，他們提供
技術資料和解答顧客的問題；二是銷售輔助人員，他們為現場
銷售人員提供事務性工作方法的支援；三是電訊市場營銷人
員，他們用電話找到新的客戶線索，審查其資格，並向他們推
銷。內線推銷員的優勢體現在：(1)交叉推銷同一產品；(2)增加
訂單；(3)介紹公司新產品；(4)發展新客戶和重新激發老客戶；
(5)多注意被疏忽的客戶；(6)追蹤和核查直接郵購顧客的產品。
內線推銷員為現場推銷員節省下時間，使他們將更多時間用於
訪問客戶，而內線銷售員自身可以用更多時間檢查庫存、追蹤

訂單執行過程、與較小客戶進行電話聯繫等工作。

◆具體訪問計畫

　　推銷員有必要以年、月、日為單位，制定一個系統的、合理的訪問計畫，定期檢查，發現問題，改進銷售活動方式。

8.4　營銷談判技巧

8.4.1　談判的概念

　　大多數企業對企業的推銷技術包括了談判技術。買賣雙方必須就價格和其他交易條件達成協議。推銷員應當在不作任何有損於盈利率的讓步的情況下獲得訂單。

　　營銷要關心交換活動與確立交換條件有關的方式。交換可以分為兩種類型：「慣例化的交換」和「談判的交換」。「慣例化的交換」是指交換條款都要按照實施計畫中定價和分銷規定的條件確定。「談判的交換」指價格和其他交換條件都是透過雙方的討價還價最後確定。阿恩特認為，越來越多的市場正在採用經過談判的交換，由兩方或多方人員透過談判達成長期的、有約束力的協定（如合資、特約經營、轉包合同、縱向一體化）。這些市場正在從高度競爭性轉向高度「馴化」，即競爭的機會越來越少。

　　就談判內容而言，價格是談判的主要內容，但並不是唯一內容。談判還包括：合同完成的期限、所交貨物和服務的品質、貨物數量、融資、風險、推銷和貨物管轄權方面的責任、

向政府部門提供的產品安全保證等。事實上，談判項目和參加
談判人員數是沒有什麼限制的。

談判具有以下的特點：

1.至少要有兩方參加。

2.參與者在一個或多個問題上有利益衝突。

3.參與者至少暫時性地以一種特殊自願的關係聚合在一起。

4.談判是關於雙方或他們所代表的各方之間分配或交換一種
　或多種特殊的資源或解決一個或多個無形問題。

5.談判活動中一方提出要求和建議，另一方作出評價，然後
　作出讓步或再提出建議。

所以談判活動是有順序地進行的，而不是同時進行的。

8.4.2　談判技巧

在談判中，營銷人員最重要的素質包括：事先準備與計畫
技巧、談判主題的知識、在壓力和不確定情況下清晰與迅速反
應的思維能力、語言表達能力、傾聽技術、判斷能力和一般性
智慧、正直、說服對方的能力和耐心。

（一）談判的時機

李和多布勒列出了以下幾種情況，說明對採購代理人來說
什麼時候談判是適當的：

1.許多可變因素不僅對價格，而且對品質和服務都有影響的
　時候。

2.無法準確地預先確定將冒哪些業務風險的時候。

3.所購買的貨物需要很長的生產時間的時候。

4.由於訂單變化太多，因而生產經常被打斷的時候。

談判雙方如果在價格上存在一個協議區的時候，如**圖**8-8所示，那麼選擇討價還價就是恰當的。

協議區可以被看成是一個對討價還價的雙方都可接受的結果。例如，討價還價的雙方分別是製造商和經銷商。雙方在價格談判中，各自都私下擬訂了一個可以接受的價格限度，即賣方有一個保留價s，這是他可以接受的最低價格。合同的最終價格x如果低於s（在圖8-8中，s位於x的左側），則意味著比沒有達成協定還要糟糕；而如果x＞s（在圖8-8中，x位於s右側），那麼賣方可以獲得盈餘。很明顯，賣方（製造商）當然希望盈餘越大越好，同時又要能與買方（零售商）保持良好的關係。同樣，買方也有一個保留價b，即他願意支付的最高的價格。如

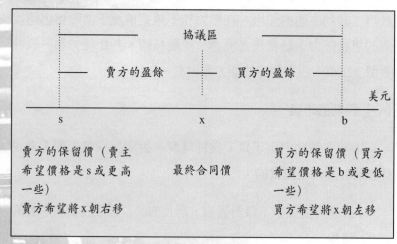

圖8-8　協議區

果 x＞b（在圖8-8中，x 位於 b 的左側），那麼比沒有達成交易
更糟糕；如果 x＜b（在圖8-8中，x 位於 b 的左側），那麼買方
就可以有盈餘。如果賣方的保留價低於買方的保留價，即 s＜
b，那麼就存在一個協議區，並且最後的價格將由討價還價來決
定。

（二）談判的策略

談判策略可以定義為：為了抓住良好機會，實現談判目標
而採取的全面探討的一種約定。

至於在談判中，採用「強硬」策略還是「溫和」策略有更
好的效果，人們有不同的理解。費希爾和尤里則提出了另一種
策略：「有原則的談判」策略。在著名的「哈佛談判項目」的
研究中，羅傑・費希爾和威廉・尤里總結出「有原則談判」這
種可以使談判雙方非常可能達到一致意見的四個要素：

◆將人與問題分開

因為人在進行談判時，很容易將感情和正在談判中的問題
的客觀是非糾纏在一起。如果憑藉談判者的個性而不是根據談
判雙方的利益去設計談判問題，就可能使該項談判毫無成效。
要將人與被討論的問題分開，首先，需要有正確的理解，雙方
都應該設身處地地理解對方觀點和有力證據；其次，對談判中
摻雜進去或流露出來的感情成分明確地加以指出，並且避免使
談判陷入毫無必要的互相指責；最後，主動聽取對方的發言，
並且有所反應，雙方之間必須有真正的資訊溝通，直截了當地
談論利害關係的所在將會得到一個滿意解決的方法。

◆集中在利益上而不是在立場上

立場與利益的區別在於一個人的立場是其進行決策的基

礎，而一個人的利益則是促使他進行決策的根源。例如，一方
在討價還價中的立場，可以是堅持在合約裡規定對遲裝貨嚴厲
懲罰的條款；但是，該方的利益卻是保證原料不間斷地供應。
由於在每一個利害關係問題上，通常可能有好幾種立場可以滿
足利益的需要，所以，在利益關係問題上進行調和，通常會收
到好的效果。

◆創造對雙方都有利的交易條件

　　訂立這樣的條件要求有如同腦力激盪法那樣的創造性的思
維，透過想出許多種選擇方案，然後判斷哪些條件最適合。尋
求對雙方都有利的選擇方案，會促成進行討價還價所需的氣
氛，也有助於雙方找到共同利益所在。

◆堅持客觀的標準

　　談判雙方出現意見不統一時，最好的策略就是堅持協定中
體現不受哪一方單方面立場左右的公正客觀的標準，以使雙方
都向公正的解決方案讓步。這種客觀的標準可以是市場價格、
已折舊的帳面價格、競爭性價格、重置成本、批發價格指數等
等。

（三）談判的戰術

　　費希爾和尤里提出了與他們的有原則談判策略一致的戰術
方面的建議。

　　第一個建議是如果談判另一方實力強時，最好的解決辦法
是了解自己的「BATNA」──談判協定的最佳備選方案（best
alternative to a negotiated agreement），如果雙方不能達成協定，
那麼透過自己的備選方案，訂出衡量其他意見是否可行的標
準。這樣就避免了一方因對手強大而被迫接受不利條件的可

能。

　　第二個建議是如果談判對手堅持的是自己的立場，而不是考慮自己的利益，並攻擊別人或別人提出的建議。這時如果反駁，很可能會被推翻，那麼較好的戰術就是：把對某一個人的攻擊轉向對具體問題的討論，然後研究是什麼利害關係促使對方採取這樣的立場，從而提出使雙方利益都能得到滿足的解決方案，並請對方對這種方案提出批評和建議（「如果你處於我的地位，你會怎麼做？」）。

　　第三個建議是當另一方採用威脅手段，「要麼接受要麼放棄」的戰術的時候，或者在談判桌旁裝出勝利者的姿態神氣活現時，談判者應當如何處理？為做出反應，談判者應清楚地認識到對方所採用的戰術，明確提出問題，並對對方這種戰術提出是否合理和需要的質疑，亦即，就對方的戰術進行談判。對所採用的戰術本身進行談判時，也要遵循有原則的談判程序：對該戰術提出質疑，請對方說明採用該戰術的理由，建議雙方都能接受的其他方案，建議一些原則作為談判規則。如果這些都失敗了，在對方停止採用這類手段之前，終止談判。採用這種防衛性的原則要比向對方進行反擊更為有效。

8.5　關係營銷

　　人員推銷和談判的原則是以交易為導向的，即以幫助營銷人員與客戶達成直接交易為目標。但在許多情況下，公司並非只是簡單地尋求銷售，而是希望贏得大客戶。當今，越來越多的公司正在將重點從交易營銷轉向關係營銷。

尼爾·拉克姆認爲推銷過程包括了四個階段：準備工作、調查工作、展示能力和獲得委託。獲得委託比簡單的一筆交易要有更多的承諾。

爲了維持和贏得客戶，公司認識到銷售小組是關鍵。公司需要修訂薪金系統以給客戶信用賒帳；公司還必須建立更完善的銷售員目標和衡量辦法；在培訓計畫中應當強調工作小組的重要性，同時必須認識尊重個人創新精神的重要性。

對客戶需要的關注和重視是關係營銷的前提。銷售人員除了需要在他們認爲客戶可能準備訂購時進行業務訪問之外，還要作其他的努力：他們還需要另外安排時間進行拜訪，邀請客戶共餐，對他們的業務提出有價值的建議等。推銷員還要關心大客戶的命運，了解他們存在的難題，並願意以多種形式進行幫助。

在公司中建立關係營銷計畫方案的主要步驟如下：

1.確定應進行關係營銷的主要客戶：一個公司可以選定五個或十個最大的客戶，爲他們設計關係營銷。如果其他客戶的業務有極大增長，則可以增補其爲主要客戶。

2.爲每個主要客戶選派精幹的關係經理：現在正在爲客戶服務的推銷員必須接受關係營銷的訓練。

3.爲關係經理規定明確的職責：要明確規定報告關係、目標、責任和評價標準。關係經理要對客戶服務，他們是客戶所有資訊的集中點，是協調公司各部門爲客戶服務的動員人。每個關係經理一般只管理一家或幾家客戶。

4.任命一名管理各關係經理的總經理：這個經理負責制定關係經理的工作內容、評價標準和資源上的力量，以提高這

一功能的有效性。

5.每個關係經理必須制定長期和年度客戶關係管理計畫：年度計畫要訂明目標、策略和具體活動及所需的資源。

安德森和納羅斯認為，交易與關係營銷在某種環境中並不矛盾，根據不同特定顧客的希望而有所側重。有些客戶看中高的服務利益並與供應商長期捆在一起；另一些客戶希望削減其成本，否則轉向更低成本的供應商。在這種情況下，公司只有同意透過減少服務來降低成本，以保持該顧客。該顧客相比較而言，更注重交易是基礎而不是以關係為基礎，一旦該公司削減其自己的成本比它價格的減少更多的話，「關係導向」的客戶還會盈利。

顯然，關係營銷並不適於所有的客戶，因為鉅額的關係投資並不總能取得良好的效果。但對於那種專門使用某一特定產品系統和希望得到一貫的和及時的服務的顧客來說，卻極其有效。

本章摘要

◆ 推銷的實質是推銷員與客戶之間的溝通過程、推銷員說服客戶的過程，以及客戶態度發生轉變的過程。

◆ 國際普遍認同的有效推銷程序包括七個步驟：尋找潛在顧客並鑑定他們的資格、準備工作、接近方法、講解和示範表演、處理反對意見、達成交易、後續工作。

◆ 推銷技巧包括鑑定客戶資格、製作客戶卡片、制定訪問計畫等技巧。

◆ 當存在一個協議區時，討價還價就是必要的。

思考與探索

1.試結合推銷實例，探討人員推銷的特徵與作用。

2.簡述推銷程序，分析其中你認為重要的幾個環節。

3.試分析，如果你是一名現場推銷員，將如何管理時間。

4.試運用心理學知識深入探討談判戰術。

第9章
營銷人員的心理素質及其評定

9.1 營銷人員心理素質研究概況

9.1.1 營銷人員的心理素質

心理學中所說的素質，是指人生而具有的、具有遺傳特性的某些解剖生理特徵，尤其是神經系統、感覺器官、運動器官等的解剖生理特點。它是能力形成和發展的自然性前提。人的先天素質加上專項訓練，便組成了從事一項活動所必須具備的能力。

分析人的素質，不能離開特定的活動。只有在活動中才能夠體現素質、發展素質。於是，我們按照活動領域及活動內涵的不同，將人的素質分為四個方面的內容：心理素質、行為素質、文化素質和思想素質。人的心理與行為是協調運作的，因此，我們也可以從心理素質這一角度來考察人在諸方面的基本素質。

在銷售實務中，人們發現許多成功的推銷員在個性上會有很多不同。因此，似乎無法僅僅從性格的外向與否、精力充沛與否，乃至表達能力的強弱等方面來橫加斷語，判斷他或她是否有可能成為一個成功的推銷員。

從推銷職責範圍的劃分來看，有簡單的推銷，例如，只需要接受訂單就可以；此外，還有要求較多智力成分加入的、甚至是需要創造力成分的推銷。就推銷的實質而言，推銷的過程就是溝通交流的過程，其間受到種種複雜因素的影響，其中包

括文化背景、職業習慣、地域特徵、個人偏好等。因此，我們
這裡所要研究的是進行一般營銷活動時，營銷人員所必須具備
的心理素質。

梅耶（David Mayer）和克林伯格（Herbert Greenberg）開列
出了一張最短的優秀推銷員的特徵表，認為推銷人員應當具有
最基本的特徵是：

1.感同力：即善於從顧客的角度考慮問題。

2.自我驅動力：也就是想達成銷售的強烈的個人意欲。

3.自信力：有辦法使顧客感到他們自己的購買決策是正確
　的。

4.挑戰力：即能夠將各種異議、拒絕或障礙作為對自己的挑
　戰，從不服輸。

羅伯特‧默里（Robert Mory）認為，「一個具有高效率的
推銷員，其個性特點是一個習慣性的追求者，一個懷有贏得和
抓住他人好感與迫切需求的人。」他還列出了傑出推銷員應該
具備的五項基本素質：精力異常充沛，充滿自信，長期渴望金
錢、名譽、地位，勤奮成性，具有挑戰性的競爭心理傾向。

莫斯（Stam Moss）認為，銷售經理們在招聘、選拔銷售人
才的時候 ，應當遵循以下的標準 ：熱情、做事條理清楚、有強
烈抱負、高的說服力、一般銷售經驗、良好的言語技巧、專業
銷售經驗、被高度評價並推薦、遵循指令並善於交際。

夏皮羅（Bollie E. Shapiro）認為除同理心和自我驅動力之
外，還應該有另外的選拔標準：自信心、可愛性、進取心、自
律性、身體吸引力、高智商和誠實。

蒂爾曼（Bollie Tillman）羅列了三十八個項目的素質參考

標準，例如進取心、抱負、外貌、自信、勇氣、禮貌、果斷、
獨立、同理心、熱情、道德、機智、圓通、樂觀、具有說服力
等。

斯坦通（Stanton）和巴斯基克（Buskirk）建議從五方面來
考察推銷員的素質：

1.心理特徵，包括智力、企劃能力等。

2.身體特徵，即年齡、外貌、健康、言談舉止等。

3.經驗，如個人的教育經驗、銷售經驗、其他的商業經驗
　等。

4.環境特質。

5.人格特質，如抱負、興趣、熱情、圓通、情緒穩定、具有
　說服力、自信等。

馬謀超認為成功的推銷員應該具備如下的良好素質，他主
要是從心理素質的角度進行闡述的：

1.良好的人際關係：也就是作為推銷活動基礎的溝通能力。

2.悟性與良知：智慧與道德感。

3.體察自己的預感、直覺和潛意識提供的資訊：這是創造能
　力的體現。

4.既是專家又是雜家：專業知識與其他所需知識，可能包括
　文化、民俗、心理學、社會學、文學、藝術等等。

5.充分的自信：正確對待推銷的後果。

6.富有冒險精神：因為營銷與市場命運緊密相連，具有一定
　的風險性。

7.付諸行動：當你一旦發現自己成了一個只會說空話、談大

道理、紙上談兵的推銷員時，可能你的營業活動開始走向
「惰性化」，離「創新」反而越來越遠了。「創新」也並非
就是排斥理論，而應該是理論與實踐相結合，不可有所偏
廢。

8.靈活、適應性強：營銷人員直接面對市場，每天與顧客或
　與零售商、批發商等打交道，必須練就一身良好的社會適
　應能力。

9.良好的態度傾向：是否積極樂觀，是否認為周圍的人大多
　數是善良的、溫暖的。

10.執著：是否不達目標誓不罷休，想盡一切辦法接近目
　標。

11.守信：守信，體現了營銷人員所代表的公司、企業的信
　譽，更是顧客尤為關注的問題。

12.誠實坦白：營銷的過程，首先建立在人與人相互信任的
　前提之下，如果這個前提遭到了破壞，就不可能使推銷
　成功。

　　鍾隆津在《商業心理學》一書中提出了營銷人員十六個方
面的內在素質與五個方面的外在素質。其中，相對於他所論述
的內在素質，他認為外在素質是營銷人員針對顧客的能力體
現，或者說是從營銷結果的角度來加以評價的。五種外在因素
是：

1.推銷員有能力接近顧客，能引起他的注意，並保持他的注
　意。

2.有能力將其物品或其所講解的內容很技巧地提供給顧客，
　以引起顧客的注意。

3.有能力激起顧客對其所推銷的物品以及物品產生的利益具有信心，否則顧客不會採取購買行為。

4.有能力激起顧客對其所推銷的物品產生占有欲，可在示範及說明的過程中博得顧客的信任。

5.把握顧客對物品的占有欲望，進一步加以促成。

十六種內在因素包括諸如「具有識別他人的能力以及獨具慧眼的尖銳見地」、「具有良好的判斷力和常識」、「機警善變且可以隨機應變」、「富有創造心且經常樂觀」等。

以上這些研究以及其他的一些研究，都提到了一些廣為認同的構築成功營銷員形象的特徵：進取心、自我驅動力、自信、言語技巧、交際能力、同理心、觀察力和靈活反應能力等。此外，我們可以看出，大家普遍對營銷人員的心理特徵給予充分的重視。

9.1.2　營銷人員心理素質結構圖

俞文釗教授與范津硯、鄭葵在《市場營銷心理》一書中提出了「推銷人員心理素質結構圖」（圖9-1）。其內容詳述如下：

(一) 認知過程

作為心理過程的第一個環節，推銷員在認知過程中接受外界的刺激，形成頭腦中的印象。認知過程是隨後進行的推理、創造創新、人際溝通的基礎，因而也是十分重要的一環。認知的偏差會影響到推銷人員採取正確的對己、對人、對事、對物的態度傾向，進而影響其選擇正確的營銷策略與溝通方式。

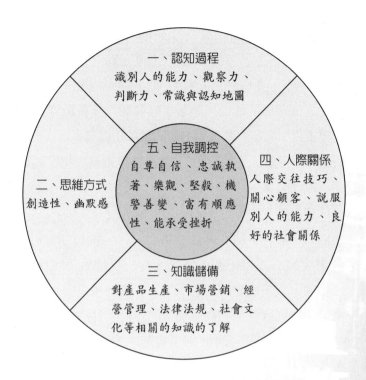

圖9-1　推銷人員心理素質結構圖

　　在認知過程中，要求營銷人員具備哪些心理素質呢？

◆準確的社會認知，敏銳的觀察力

　　推銷員所應具有的準確的社會認知，包括對自己、他人、人際關係等的正確認知。而敏銳的觀察力是正確的認知過程得以實現的首要條件。

　　儘管心理活動發生在人的大腦，但是心理活動會透過人的心理行為表現出來。即使是有意掩飾，我們還是可以透過一系列的外部線索解釋其中隱含的心理意義。常見的外部線索包括：被觀察者主動表達出來的言語、身段和手勢，以及無意流露出的眼神、語氣、手勢、行為等。

　　在真正反映了心理活動的那些線索中，有些是顯而易見的，有些則只有細微的變化。觀察力就是在一定目的、任務的支配下，按照一定計畫感知事物，把事物的特徵區分出來，並建立事物之間聯繫的能力。隨著生活體驗以及營銷實務經驗的積累、豐富化，觀察力會得到不斷的鍛鍊和提高。

　　所謂「要理解人心的微妙」，就是指推銷員要利用顧客的外部線索（例如語氣、手勢、眼神等）來體察顧客的心理活動。例如，珠寶推銷商會十分留心顧客的瞳孔變化，因為人在凝視一件心儀的物品時，瞳孔會自然擴大。當然準確的社會認知還包括對環境的認知和把握。例如，有一位推銷員這樣讚揚商場：「經理，我多次參觀您的商場，貴商場規模宏大，堪稱市內一流。我特別欣賞你們高雅別致的布局、井然有序的排列、清新高尚的氛圍。您所採取的經營方略，的確令我佩服！」

◆良好的判斷力

　　良好的判斷力是指推銷員能夠準確地從觀察到的外部線索中推知對方行為發生的真正原因，也就是具有科學、正確的歸因能力。歸因就是透過分析人的內在需要產生動機趨向的過程以及找出人的自我調控軌跡的過程，最終把握事實的本質。推銷員在敏感的觀察力、豐富的閱歷的基礎之上，根據顧客或零售商、批發商的言談舉止、神態行為、背景資料等洞察對方的心態、風格、策略等。不同的顧客具有不同的心態、不同的偏好，因而要求營銷員能夠準確地加以歸因，採取得當的、有針對性的營銷策略。在準確歸因、了解顧客的需要以及希望之後，如果能夠做個有心人，重新整理顧客對推銷員或公司產品的希望和要求，就可以取得更好的實際改進效果、促進良好判斷力的形成。為提高判斷力，可建立提示表格（見表9-1）。

表9-1 系統整理顧客的需求，提高判斷力

顧客名稱：機電產品公司LLL		
洽商的目的：讓顧客了解本公司的新產品A與其他公司的類似產品B之間的差異		
欲在何時之前大量推銷	本季度之末（3月）	
顧客的希望、期待事項	已說服顧客的什麼？（哪個顧客已同意？）尚未說服顧客的什麼？（哪個顧客還未同意？）	推銷員所採取的應對方式
1.操作簡單，有經驗者二日即可學會	新手四天可學會（LLL公司的主要負責人同意，但部長不同意）	請部長列席參觀使用者如何操作示範
2.希望價位低於＿＿元	若開立三個月為期的票據，可以便宜25％（LLL公司負責接洽的部門即設計部同意，但資料部不同意）	揭示其他公司的資料
3.		
4.		
今後營業活動的重點是什麼？ 1.請求對方在洽商時給予操作示範的機會。 2.將與LLL公司相同產業規模的客戶事例進行整理、提示給部長。 3.顧客希望、期待的事項只有這兩項嗎？針對顧客的需求、期待再做一次整理。		

　　經過系統的整理，加深了對顧客需要的深入了解，從而能夠鍛鍊、提高良好的判斷力。

◆豐富的常識和準確的認知地圖

　　推銷員在進行人際溝通、社會交往時，是處於社會環境中的，包括大環境（政策法規、意識形態等）和小環境（如家庭

環境、學校環境等），這就要求推銷員具有豐富的常識與準確的認知地圖，對現實環境有系統、清楚的把握。

認知地圖是一種形象的比喻，指人在生活中透過觀察與判斷，在大腦中建立起一幅與觀察和判斷的對象相似的心理圖式。這種地圖是全方位的，有時間和空間的延伸性，可以任意拼割組合。人們在其中建立了各自不同的反映現實生活中各種事物及其關係的心理結構。這種結構越豐富，說明人們的生活閱歷越豐富。對於各種習俗和規律的認識就構成了推銷員的「常識」。

常識和認知圖式可以幫助推銷員洞察一切新事物的特點以及發展趨勢，幫助推銷員認識自身，了解人與人之間的關係，體察社會中各種文化差異、習俗等。

(二) 思維方式

營銷工作的突破和競爭，必須依賴於銷售部門以及相關部門人員利用創造性思維，思考出新穎、獨特的銷售方法，保證商品銷售管道通暢。現在的營銷創新不僅表現在營銷觀念上，而且表現在營銷策略等方面。因此，銷售人員就必須注重不斷更新變化的市場，採取營銷新思維。

例如，在二十世紀七〇年代，50％以上的美國人不會在直效營銷影響下買任何東西，到了九〇年代，90％以上的美國人會因為直效營銷的影響而至少購買一項產品。可見，直效營銷已經成為營銷組合的一件新利器。直效營銷就是在向公眾進行一定訴求的基礎上，直接與目標對象溝通，以達成營銷目的的活動。由於有公眾消費意識的支援，建立與形成了一對一的關係並進行現場展示和集中促銷，使直效營銷具有可評估性、強

針對性、強可控性與強操作性。那麼，營銷人員如何在直效營銷中掌握顧客資訊，有針對性地發揮自己的作用呢？

推銷人員除了需要具備人們基本的思維方法之外，例如分析、綜合、抽象、具體化和概括化，還應該突出與職業相關的創造性思維和幽默感。

◆創造性思維

創造性思維是指用新穎的、獨特的、有社會價值的思維方式來解決問題的認知過程。創造性思維和創造性想像力、創造性活動相互聯繫。人們往往自覺不自覺地採用複製性思維的方式去考慮問題，因而，常常引發一些失誤或無新的創意。而愛迪生等這些大師們常常運用如下的思維策略來求新、求異：

1.看問題要轉換視角、多視點。

2.思考問題時儘量使其形象化。

3.力爭「多產」。

4.善用組合構思法。

5.容忍反論和矛盾。

6.用創造性的眼光看事物。

7.善於用比喻。

營銷人員應當針對不同的消費者人群，採取創造性的、恰當的營銷策略。經常用創造性的眼光對待營銷活動，可以鍛鍊自身的創造性潛能，改變千篇一律的推銷程序，提高銷售業績。

◆具有一定的幽默感

幽默感有利於形成輕鬆、詼諧的溝通氛圍，既能夠對商品進行親切、自然的介紹，又能夠消除顧客的緊張、戒備心理。

有誠意的幽默還可以有效地體現出營銷人員的坦誠與可靠。由
於幽默中包含了對顧客的尊重與理解，所以更能夠爲顧客所接
受。

（三）知識儲備

知識儲備指透過專門、系統的學習之後，了解和掌握的與
推銷活動有關的一些前人所總結的經驗和規律。營銷人員所需
要具備的知識有不同層次與深度。首先是與產品有關的資訊，
例如產品的結構和功能、產品工藝和流程、產品的價格和成
本；其次是與銷售有關的知識，如生產管理、經營管理、市場
營銷、推銷技巧、消費心理、合同法規等；最後是其他一些輔
助性的知識，如經濟學、管理學、心理學、倫理學、美學、社
會學、公共關係學等。第一個層次的知識最爲重要，是與顧客
進行交流時必須十分清楚與熟悉的內容。其他的知識有利於營
銷人員更爲深入地了解市場、了解顧客心理，掌握營銷技巧。

知識在現代社會越來越重要，推銷員和銷售部門是公司生
產和流通的重要環節，因此必須掌握整個過程的全部細節。他
們還是用戶資訊和市場行情得以及時回饋的前沿陣地，對於公
司生產與營銷策略的創新具有重大意義。人們說，成功的推銷
員都是未來的企業領導和公司經理。

（四）人際關係

營銷人員的工作，需要豐富的社會關係和良好的人際關係
作爲強有力的支援。人際關係方面的素質包括以下幾個方面的
內容：具有一定的面談技巧；關心顧客，滿足其興趣和需要；
說服別人的能力；良好的社會關係。

（五）自我調控

自我調控是指主體在長期社會生活實踐中形成的一種能力，根據各種環境主動或被動地調整對自己的認知地圖，控制自己的外顯反應。它是營銷人員的心理素質的核心。它包括主觀能動性、自信力、社會適應能力、心理承受力、堅韌性等。

好營銷員透過樹立積極的自信，形成良好的自我心像（self image），用理想自我來激勵自己不斷創造佳績；將優秀營銷員的品質內化到自己身上，假想自己就是一個優秀營銷人員，處處提醒自己按照優秀營銷人員的思維方式、態度、策略方法去對待顧客、對待營銷活動；經常給予自己積極的讚賞與鼓勵，增強自信。

要能夠善於控制自己的惰性，具有持之以恆、百折不撓的敬業精神，保持充沛的精力、樂觀的心態、向上的精神面貌。

隨機應變、適應性強的營銷人員可以在不同的營銷情境中保持輕鬆自若的風格，以顧客為中心，注重心理需求，採取實際應對的措施來面對不同的消費者。

綜上所述，這五個方面的因素相互作用就構成了營銷人員的內在心理素質。

超級營銷人員是怎樣展開營銷活動的呢？透過觀摩超級營銷員的營銷活動（詳見表9-2），我們可以知道應該向哪個方向發展，以及如何開發自身的創造力潛能，超過他，使自己成為更為「超級」的營銷人員。

表 9-2　觀摩超級營銷員的營業活動

超級營銷員＿＿＿＿＿；本人＿＿＿＿＿；觀摩日期：＿＿＿＿＿

從事營業活動所必須具備的營業能力		超級營銷員的表現	值得借鑑的地方
對商業的觀念	以什麼樣的態度從事工作		
	性格如何		
	目標是否明確		
	對已決定之事的行動力如何		
	以什麼樣的態度去對待困難		
	在工作單位裡的人際關係如何		
目標設定	與去年業績相比較如何		
	粗略或詳細		
	抽象或具體		
負責客戶	A／B／C等級所占的比例各為多少		
	是否容易看到成果		
	負責期間有多長		
營銷活動的基本情況	商品知識如何		
	商務洽談的相關知識		
	事務處理方式		
	公司內部相關人員的支援情形		
	訪問計畫的擬訂方式		
	洽商的件數		
	與顧客之間的人際關係		
	如何開發新客戶		
商務洽談與進度的追蹤	商務洽談與進度的追蹤		
	有無重點		
	與關鍵人物的面談接洽率如何		
	回答問題的情形		
	資料的活用情形		
	有無提案		
	洽談內容有無記錄下來		
	洽談的進展情況		
	無法依照規定進展時怎麼辦		

9.2 營銷人員心理素質的向度分析

從上述概述可知，對成功營銷人員的心理素質的研究大多集中於特徵描述，數量化的分析比較少。而且，往往僅僅從營銷人員或顧客的單一角度來進行研究。1999年5月，我們對成功營銷人員的心理素質進行了系統的多元統計分析，做到了兼顧營銷員和顧客的角度。

9.2.1 營銷人員的心理素質的向度分析

被試狀況見表9-3。

本研究採用自編的「銷售人員心理品質調查表」對作為大陸成功銷售人員所應具備的心理品質進行了調查。經因素分析認為，成功銷售人員所應具備的七種心理品質分別是自我控制、社會適應、職業道德、工作態度、成就動機、場他控性和耐挫折性。自我控制（F_1）（F為英文factor[可譯為因數]一詞的縮寫。F_1即為因數1；F_2為因數2……）：現實、冷靜、洞察力、理智、進取、情緒穩定、心理承受力、興趣廣泛、有禮貌；社會適應（F_2）：大膽、自信、聰慧、口才、善解人意、應變能力、交際能力；職業道德（F_3）：道德感、職業精神、謙虛、專業知識、坦誠、責任感、欺騙；工作態度（F_4）：內向、做作、沒耐性、精明、懶惰；成就動機（F_5）：危機感、平等意識、創新、競爭性；場他控性（F_6）：依賴性、粗心；耐挫折性（F_7）：頑強、敏感性、豁達。

表9-3　對推銷員成功要素進行評價的應測試人員構成

		人數
性別	男	118
	女	76
年齡	25歲以下	72
	25-35歲	78
	35歲以上	44
受教育程度	高中及高中以下	61
	大專	60
	碩士及碩士以上	73
收入	1000元以下	105
	1000-2000元	59
	2000-3000元	13
	3000-5000元	8
	5000元以上	9
工作單位	國有企業	29
	機關事業	74
	外商企業	29
	民營企業	46
	其他	16

研究結果與同類研究相比基本一致。比如前面提到的 Benson E. Shapiro 提出的自信心、自律性、進取心等以及馬謀超所提出的靈活、適應性強、誠實坦白等都或多或少地體現在以上提出的七個因素中。

研究表明：自我控制、社會適應、職業道德三個因素被認為是成功銷售人員所需心理品質的主要方面。前兩個因素與先前的研究基本一致。自我控制是指主體在長期社會生活實踐中形成的一種能力，根據各種環境主動或被動地調整對自己的認知地圖，控制自己的外顯反應。它是銷售人員的心理素質的核

心。社會適應能力主要包括善解人意、應變能力強、交際廣泛、有一定說服力等。銷售人員的工作需要較強的社會適應能力作為支援。而第三個因素職業道德是在當前大陸市場經濟條件下對優秀銷售人員提出的最基本也是最突出的要求。在當前市場經濟的運行過程中，人們往往追求利潤最大化而忽略了從事任何職業首先所應具備的職業道德、職業素質。

分析年齡、受教育程度對七個因素的影響，發現個人資料中年齡階段的不同和受教育程度的不同在對七個因素的評價上存在極顯著差異。從單變數方差分析結果看，F_3、F_4、F_7三個因素在三個年齡上存在顯著差異。說明不同年齡對成功銷售人員所應具備的心理品質的評價有很大差異。F_1、F_4、F_7三個因素在三個教育程度上也存在顯著差異，說明大專、碩士以上以及高中學歷的人對成功銷售人員所應具備的心理品質有不同的著重點。

9.2.2　營銷人員成功要素評價判別體系

本研究初步建立了關於成功銷售人員的判別體系，根據研究結果可將人們心目中的銷售人員分為三類：

第一類：具有一定的社會適應能力、比較聰慧、具有一定說服力和人際交往能力，但缺乏上進心、懶惰、職業道德感不強。

第二類：既具有較強社會適應和交往能力，又積極進取、勤奮理智、敢於創新。

第三類：積極上進、坦誠謙虛、有道德感和職業精神，但社會交往能力較弱，對市場和顧客需求的敏感度不夠。

　　研究發現在調查對象中有一百三十六人認爲第三類的銷售人員是成功的。表明人們較注重銷售人員的態度向度，而對這一職業應具備的社會交際技能認識不夠。一般理論上是第二類的銷售人員是成功的，本研究出現這樣的結果可能是人們對這一職業認識存在偏差，也可能與不規範的市場競爭有關。

9.3　營銷人員心理素質評定量表的編制

9.3.1　營銷人員的心理素質評定量表的編制

　　經營企業的成功與否取決於是否有一支具有較高心理素質的營銷人員隊伍，具有一批既有創新競爭意識與洞察力，又保持著眞摯外向、坦誠敬業、理智且上進的優良品質的營銷人才。因此，俞文釗教授早在二十世紀九〇年代初就進行了一系列的探索與研究。透過訪談、總結、施測與修改，制定出了具有較高效度與信度的營銷人員心理素質評定量表，能夠爲營銷人員的培訓提供科學的依據。

9.3.2　營銷人員心理素質評定量表簡介

　　該量表分爲七個分量表，分別代表了七種營銷人員應具備的心理素質。分別爲：

　　F1：自我控制性。代表了挫折容忍性、目標自律意識、良

好的判斷力、認識別人的能力以及計畫性。

F2：社會適應能力。代表了應變能力、說服別人的能力以及人際交往能力。

F3：自信心。代表了自信、樂觀以及幽默。

F4：成就動機。代表了求勝心理、抱負水準和獨立性動機。

F5：推銷技巧。代表了說服方法、關心顧客、了解公司的情況以及滿足顧客需要。

F6：創造性。代表了一般創造性、直覺創造性和邏輯創造性。

F7：職業興趣。代表了職業傾向和工作熱情。

F1卷（自我控制）

1.我總不忘過去的錯誤。

2.在我的生活中總帶有一些令人沮喪氣餒的日子。

3.在我的生命中已有過失敗的經歷。

4.如果週末不愉快，星期一我便很難集中精力工作。

5.即使應聘職務失敗，我也會願意嘗試。

6.我已達到不介意大多數事情的地步。

7.我很少為昨天發生的事情煩心。

8.任何一件事情遭到否決，我都會尋找報復的機會。

9.聰明的人知道什麼時候應該放棄。

10.我不能容忍遭到心上人的拒絕。

11.經常想起實現目標的一切手段。

12.著手做事情的時候，總是抱著必勝的心情。

13.常常習慣於在大腦中描畫目標。

14.做任何事情都不會產生不行的念頭。

15.心中思考的問題往往立即付諸實施。

16.實現目標的願望比一般人強烈。

17.為了實現目標往往全力以赴。

18.常常出於效率上的考慮更改計畫。

19.臨睡前思考、籌劃明天要做的事情。

20.經常嚴格檢查預定目標和實際成績。

21.我能把注意力集中在勝利和成績上,任何時候都不放在失敗上。

22.我能確定自己的個性,並預先確定階段的、近期和遠期實現目標的計畫。

23.我能在意識中選擇和保持一個自己想要成為一個什麼樣的人的概念。

24.我能直接、坦率地接受批評和表揚。

25.我每天專門抽出時間思考自己的計畫,並對達到目的的途徑有一明確的概念。

F2卷 (社會適應能力)

根據自己的實際情況回答下列問題:

1.在街上遇到變故時,你的反應是 ( )。

　(1)退避三舍　 (2)好奇,走近觀看

　(3)看看能否助一臂之力

2.假如你遇到意外打擊,你會 ( )。

　(1)感到頭昏眼花,不過幾秒鐘就能恢復

　(2)不知所措,以至數分鐘之久

　(3)一段時間內處於傷心悲痛之中

3.當你知道將要遭受不愉快的事情時，你會（　）。

　　(1)自我進入恐怖狀態　(2)相信事實並不會比預料的更甚

4.當你做出一個決定時，你會（　）。

　　(1)猶豫不決　(2)審慎但果斷

5.假如有人突然帶一個你最不喜歡的人到你家，你會（　）。

　　(1)非常驚愕　(2)暫時忍耐，以後再把實情告訴朋友

　　(3)把你的感覺完全隱藏起來

根據自己的實際情況，相符的劃「○」，不符的劃「×」。

6.你一般對自己所作的一切肯負責任。

7.你相信自己如果決定要得到一樣東西，就一定能夠得到。

8.你到一個陌生的地方，以後能做相當準確的敘述。

9.遺失了鑰匙讓你整星期不安。

10.你覺得很難使你的下屬或比你年輕的人服從你。

11.在匆忙中別人向你打招呼問好，你會停下腳步與他交
　　談。

12.你喜歡獨立談話時的話題。

13.當別人交談時，你會打斷他們談話的內容。

14.經常發現朋友的短處，要求他們改進。

15.你對自己種種不如意的事情，總喜歡找別人訴苦。

16.你常常在別人沒有提出要求的情況下主動表達自己的觀
　　點。

17.購物、乘車時，如果售貨員或售票員對你的態度不好，
　　你會非常生氣。

18.你講話時，常用「非常好」、「特別好」或「好極了」一
　　類的字眼。

19.當你招待朋友需花少量錢時，你仍喜歡這種招待。

20.你為自己絕對坦率、直言而自豪。

F3卷（自信心）

1.我認為只有按邏輯辦事才能解決問題。

2.在我說「我不明白」時會感到很慚愧。

3.我很不在乎是否要成為一個十全十美的人。

4.我經常會為我所犯的錯誤而深感不安。

5.我對拒絕一次善意的邀請而感到沮喪。

6.我經常擔心會不會失敗。

7.我喜歡在集體活動中出頭露面，幫忙辦事。

8.我常擔心會被別人打擾。

9.我常因優柔寡斷而失去機會。

10.即使對於上級，我也能毫無顧忌地與之爭論。

11.我常因感到不如別人而煩惱。

12.我常因怕難為情而不敢與眾不同。

13.我經常在碰到困難時垂頭喪氣。

14.我常對做事不太有信心。

15.我能遇事不受干擾而當機立斷。

16.只要自己認為是正確的，就不管別人怎麼說也要去做。

17.和大家在一起時，我不喜歡多說，而總是聽別人的。

18.常因在別人面前臉紅而苦惱。

19.遇事我總是喜歡一個人反覆思考。

20.遇到別人輕視自己就氣得不得了。

F4卷（成就動機）

1.我設置的目標很低，幾乎每個目標都很容易達到。

2.我對獲得很高社會地位的人很欽佩。

3.我非常喜歡需要承擔很大責任的工作。

4.在工作或學習時,我對自己要求很高。

5.在學校,別人一直認為我很勤奮。

6.每當我做一件事時,我常不能堅持到獲得一個成功的結果。

7.我最喜歡沒有風險、一帆風順的工作。

8.我認為一個人在生活中取得成功的主要原因是努力與能力。

9.當某事遇到困難時,我很快放棄。

10.我常在工作中做最大努力以獲得主管、同事的讚許。

11.在爭論中我很容易放棄自己的觀點,被別人說服。

12.上學時,我感到很難在全班同學面前講話。

13.我常常喜歡對工作事先加以安排、組織。

14.對於要冒險、個人承擔責任的工作,我最喜歡。

F5卷(推銷技巧)

1.在推銷某種商品之前,你最喜歡( )。

　(1)不採取任何調查

　(2)有針對性地了解客戶的一些情況(需求、收入等)

　(3)先了解客戶的一般情況(家庭背景、職業)

2.假如你向一位陌生的客戶進行推銷,你如何表達你的意圖?( )

　(1)開門見山

　(2)簡單寒暄之後就提出

　(3)儘量以隱蔽的方式讓對方感知

(4)從雙方非常感興趣的問題開始提出

3.如果你要到某一個大學教授家推銷彩電，你準備介紹電視
機的（　）

(1)價格高　(2)功能全，壽命長

(3)功能全，壽命長，但價格高

4.如果你要到一位普通職員家裡推銷彩電，你準備介紹電視
機的（　）。

(1)價格高　(2)功能全，壽命長

(3)功能全，壽命長，但價格高

5.在推銷過程中，你覺得（　）。

(1)較少的面部表情和手勢動作會使自己顯得誠實、穩
重、可靠

(2)應該配合顧客的反應，有適當的面部表情和手勢動作

(3)豐富的面部表情和手勢動作使自己顯得親切、靈活、
有感染力

6.當顧客突然決定不購買你費盡口舌推銷的產品時，你的反
應是（　）。

(1)惡言相逼

(2)自認倒楣

(3)請其再考慮，以後有機會再買

(4)先肯定，再找出對方拒絕的理由，進行推銷

7.對顧客拒絕的理由，你如何處理？（　）

(1)不予理會

(2)看看有沒有可取之處

(3)記錄下來，提供給公司考慮以後改進產品

8.當你制定一份推銷計畫時，有人向你提出有用建議，你會

（　）。

(1)不予理會

(2)看看有沒有可取之處

(3)鼓勵他多提其他建議

9.你認為，推銷產品時與客戶保持多大距離最合適？（　）

(1)0.5公尺左右　(2)1.5-2.0公尺　(3)1公尺左右

10.你對推銷的後果所持的態度是（　）。

(1)非常在意　(2)比較在意　(3)無所謂

(4)在意，及時總結經驗

11.你在推銷大宗產品時，你一般如何做？（　）

(1)談好後，馬上簽訂正式合同

(2)過一段時間，再簽訂正式合同

(3)先當場簽訂簡單意向書，然後再正式簽訂合同

12.你在推銷還價的過程中，假如最多可讓60元，好的方式

是（　）。

(1)49元，10元，不讓，1元

(2)26元，20元，12元，2元

(3)8元，13元，17元，22元

(4)15元，15元，15元，15元

F6卷（創造性）

1.我不做盲目的事，也就是說我總是有的放矢用正確的步驟
來解決每一個具體的問題。

2.我認為只提出問題而不想獲得答案，無疑是浪費時間。

3.我認為合乎邏輯的、循序漸進的方法是解決問題的最好方
法。

4.做自己認為是重要的事，比力求博得別人的贊同，要重要得多。

5.我能堅持很長一段時間來解決難題。

6.在特別無事可做時，我倒常常想出了好主意。

7.在解決問題時，我常憑直覺來判斷正誤。

8.在解決問題時，我分析問題較快，而綜合所收集的資料卻較慢。

9.有時候我打破常規去做我原來並未想到要做的事。

10.幻想促進了我許多重要計畫的提出。

11.我喜歡客觀而又有理性的人。

12.如果要我在本職工作以外的兩種職業中選擇一種，我寧願當一個實際工作者，而不願當一個探索者。

13.我喜歡堅信自己的結論的人。

14.爭論時，我最感興趣的是：原來與我觀點不一的人變成了我的朋友，即使犧牲了我原來的觀點也在所不惜。

15.我樂意獨自一人整天「深思熟慮」。

16.我不喜歡那些不確定和不可預言的事。

17.我覺得那些力求完美的人是不明智的。

18.即使遇到不幸、挫折和反對，我仍然能夠對我的工作保持原來的精神狀態和熱情。

19.即使沒有報答，我也樂意為新穎的想法花費大量的時間。

20.我對「我不知道的事」比「我知道的事」印象更深刻。

21.我往往應用他人想出來的辦法。

22.我根據一點暗示和啟發便思考起來。

23.我把要做的事一做到底。

24.我常常做事著迷忘記了時間。

25.我喜歡改變家裡房間家具的擺設。

26.我有時一下冒出許多想法。

27.我馬上去做突然想到的事情。

28.我快速讀完許多書後馬上妥善解決問題。

29.我非常注意別人忽略的問題。

30.我常常在睡夢中得到解決問題的啓示。

F7卷（職業興趣）

1.我喜歡改變一下日常生活中的一些慣例。

2.閒暇時，我比較喜歡參加一些運動而不喜歡看書。

3.對於我來說，數字並不難。

4.我喜歡與比我年輕的人在一起。

5.我能一口氣列出五個認為夠朋友的人。

6.我對一般可以辦到的事情會欣然應允，不怕麻煩。

7.我不喜歡太細碎的工作。

8.我看書速度很快。

9.我相信「小心謹慎、穩紮穩打」這句至理名言。

10.我喜歡新朋友、新地方、新東西。

11.早上起來我感到自己是幸福的，並預感到這一天有美好
的前景。

12.我能保證在任何情況下尋找積極的因素。

13.我對人充滿了溫暖、熱愛和善意。

14.我能在周圍人中尋找和學習好的東西。

15.我能從多側面觀察自己，做到實事求是講真話。

我們應該針對不同的企業，編制合適可行的量表，使營銷人員能夠做到人—職匹配，並能夠積極主動地貫徹企業的營銷思路。

9.3.3 房地產營銷人員心理素質評定量表的編制

1. 量表編制目的與意義：對房地產營銷人員的綜合素質進行評定，主要側重於心理素質的測定。本表對房地產營銷人員的招聘工作及人力資源管理實踐具有實際應用價值與參考作用。

2. 量表制定方法：綜合運用心理學、營銷學、管理學的原理，結合房地產營銷實務的需要，參考有關房地產等專業知識，制定本量表。

3. 使用程序：填寫或口頭回答量表的問題，根據表現進行評分，各部分得分比例可以根據實際需要進行調節。

4. 量表內容包括：(1)專業知識；(2)能力與素質，包括心理素質、推銷技巧、推銷策略。

5. 在實際應用中，已經初步證明量表具有高的信度與效度。

附：招聘房地產營銷人員的能力卷和知識卷：

能力卷

一、請根據自己的實際情況，填入相關內容，可以是肯定或否定，可以是程度、次數等，可以是自己的心情，或者你認為可以不填內容進去的，就劃一個「○」：

例如：我不太 / 非常 / 比較 / ○喜歡吃比薩。

看傷感的電影，我會流淚 / 有點傷心 / 絲毫不為所

動。

　　我偶爾／經常／有時去打保齡球。

　　（沒有標準答案，根據你的實際想法來填，具體的措辭你可
以隨意選擇。）

成就動機

1.我對獲得很高社會地位的人＿＿＿＿＿欽佩。

2.我＿＿＿＿＿喜歡沒有風險、一帆風順的工作。

3.我＿＿＿＿＿喜歡需要承擔很大責任的工作。

4.在我學習、工作時，總是對自己要求＿＿＿＿＿。

5.每當我做一件事情的時候，我常常中途＿＿＿＿＿。

6.我在爭論時，＿＿＿＿＿會被別人說服。

7.對於「成功」，我＿＿＿＿＿很在意。

8.我常在工作中盡最大努力，使主管對我＿＿＿＿＿。

自我控制

1.我＿＿＿＿＿忘記過去的錯誤。

2.如果週末不愉快，星期一我去做事情時＿＿＿＿＿。

3.我＿＿＿＿＿想起實現目標的一切手段。

4.我＿＿＿＿＿習慣於在大腦中描畫目標。

5.我認為，對於「自己想要成為一個什麼樣的人」之類的問
　題＿＿＿＿＿需要有十分清楚的考慮。

6.我＿＿＿＿＿喜歡直接的、坦率的接受批評和表揚。

自信心

1.我＿＿＿＿＿擔心自己會不會失敗。

2.對主管，我＿＿＿＿＿會毫無顧忌的與他爭論。

3.在團體活動中，我_____喜歡出頭露面，幫忙辦事。

4.當我感到不如別人時，我_____。

5.遇到別人輕視自己，我會_____。

6.我_____因為優柔寡斷而失去機會。

職業興趣

1.閒暇時，比起看書和運動，我更喜歡_____。

2.對於我來說，我對數學_____感興趣。

3.我_____很喜歡細致的工作。

4.我_____喜歡經常改變日常生活中的慣例。

5.新朋友與老朋友，新地方與老地方，新東西與老東西相比，我更加喜歡_____。

6.與比我年輕的人在一起，我覺得_____。

推銷技巧

1.在推銷某項產品之前，你喜歡做什麼？

_____。

2.假如你開始向一位陌生的客户進行推銷，你如何表達你的意圖？

_____。

3.如果你要向一位大學教授推銷某種電腦，你準備介紹該電腦的哪些特點？

_____。

4.如果你要向一位普通職員推銷某種電腦，你準備介紹該電腦的哪些特點？

_____。

5.你怎樣評價推銷過程中推銷員的面部表情和動作？

　　_____。

6.當顧客突然決定不購買你費盡口舌推銷的產品時，你的反
　　應是什麼？

　　_____。

7.對顧客拒絕的理由，你是如何處理的？

　　_____。

8.當你提出一份推銷計畫時，有人向你提出有用建議，你會
　　怎樣對待？

　　_____。

9.你認為，推銷產品時，和顧客應該保持多大的距離為合
　　適？

　　_____。

10.你對待推銷的後果所持的態度是什麼？

　　_____。

推銷策略

1.「成熟穩健型」的顧客具有豐富的購屋知識，投資經驗
　　多，對產品本身的性能以及各類物業的市場行情相當了
　　解，與銷售人員洽談時往往深思熟慮，冷靜穩健，遇到疑
　　點喜歡追根究柢，不容易被銷售人員說服。對此，你會採
　　取怎樣的對策？

2.「謹慎小心型」的顧客特徵是外表嚴肅，反應冷淡。對說
　　明書和海報反覆閱讀，對於銷售人員的親切詢問，出言謹
　　慎，不表示熱心，甚至裝著一問三不知，惟恐透露秘密。
　　對這樣的顧客，你怎樣進行推銷？

3.「猶豫不決型」的顧客，對房地產品本身要求並不高，只是反反覆覆，拿不定主意，一會兒喜好三層，一會兒又喜好五層，不一會兒又覺得底樓有花園挺不錯，並不是對產品性能的挑剔，其購買欲望強烈，但是自己也不清楚自己喜歡什麼，似乎什麼都喜歡，但最終無法決定究竟買哪一間房子。你怎麼辦？

4.「欠缺經驗型」顧客是初次購屋，對產品本身的性能一無所知，喜歡問東問西，並經常說一些外行話，對建築面積、使用面積等基本概念一竅不通，對市場行情也不了解；只是對樣品屋讚歎不已，而對內在結構、各種尺寸以及使用起來的方便程度均無感覺。你怎樣展開推銷？

5.「眼光挑剔型」顧客思考過於嚴密，喜歡挑毛病，不管建材、建築造型和風格以及座向、色調、大小公共設施的面積都有意見，斤斤計較，東扣西減，狠力殺價，態度蠻橫。你如何對付？

6.「風水迷信型」顧客最關心的往往不是產品的品質、結構、造型，而是注重房子的座向、方位，有的甚至帶風水師一道看房子，真可謂迷信到家。這種顧客對樓號、樓層都有講究。你打算怎麼辦？

知識卷

一、房地產營銷基本知識、名詞解釋與問答：

1.請列舉房地產營銷人員應該具有哪些方面的知識。

2.複合地板與普通地板的區別在哪裡？

3.建築面積。

4.層高。

5.安裝衛浴設備時最應該注意的是哪些方面？

6.應當從哪些方面對光污染、視覺污染、聲音污染、固體廢
　棄物污染等加以防範？

7.如何計算綠化率？

8.室內面積如何計算？

9.陽台面積如何計算？

10.採光要求有哪些？

11.房屋預售條件有哪些？

12.房屋出售條件有哪些？

13.購買房屋退個人所得稅需要具備哪些條件？

14.各種貸款有何條件？有哪些種類？年限多長？

15.住宅土地的使用年限有什麼規定？

16.大廈管理費的組成有哪些？

17.容積率。

18.優秀的房型應該具有那些特點？

19.房屋按照適用用途的不同，可分為哪幾種？按照銷售對
　象和銷售地點的不同，可以分為哪幾種？

20.房地產交易包括哪些內容？

二、房地產營銷論述題

1.請分析當前形成熱銷房產與滯銷房產現象的原因。

2.銷售主管應該如何安排一天的工作內容？簡述日常規範程
　序。

本章摘要

◆營銷人員的心理素質結構包括五個方面：認知過程、思維方式、知識儲備、人際關係、自我調控。

◆運用多元統計分析方法對營銷人員的心理素質進行向度分析得出五個關鍵因素：聰慧理智、真摯外向，坦誠敬業、創新與競爭意識、洞察力。

◆營銷人員的心理素質評定量表的編制包括七個分量表：自我控制性、社會適應能力、自信心、成就動機、推銷技巧、創造性、職業興趣。

思考與探索

1. 試簡述營銷人員心理素質的研究概況，並且談談你的看法。
2. 你認為營銷人員的心理素質由哪些向度構成？何種心理素質最為重要？
3. 試舉例說明如何針對不同的企業，編制合適可行的心理素質量表。

參考文獻

《馬克思恩格斯選集》第三卷。北京：人民出版社，1972。

何傳啓（1998）。〈知識經濟與第二次現代化〉。《科技導報》，
　　1998（6）。

克雷格・彼得森等（1998）。《管理經濟學》。北京：中國人民
　　大學出版社。

君羊等（1999.2.4）。〈投資失誤：新興企業一道坎？〉。《國際
　　金融資訊報》，5版。

貝克倫（1936）。《實用心理學》。北京：商務印書館。

金潤圭（1999）。《國際企業經營與管理》。上海：華東師大出
　　版社。

俞文釗等（1997）。《市場營銷心理》。北京：人民教育出版
　　社。

袁正光（1998）。〈知識經濟時代已經來臨〉。《科技導報》，
　　1998（6）。

張一（1994）。《國際化企業經營管理》。北京：人民交通出版
　　社。

張維迎（1996）。《博弈論與信息經濟學》。上海：上海三聯書
　　店、上海人民出版社。

陸劍清（1999）。〈市場經濟與營銷創新〉。《上海商業》，1999
　　（4）。

陸劍清（1999）。〈市場營銷的博弈探析——兼論我國企業營銷
　　模式的轉變〉。《華東師範大學學報》（經濟問題研究專

輯），1999（7）。

陸劍清（1999）。〈商品價格戰的營銷透析〉。《上海商業》，1999（11）。

陸劍清、楊曉燕（1998）。〈知識經濟時代的營銷新模式〉。《上海商業》，1998（11）。

凱信公司編輯部編譯（1999）。《使業績提升三倍的表格》。北京：企業管理出版社。

楊秋豔（1999.4.8）。〈世界石油產業大調整〉。《國際金融信息報》，4版。

楊國樞（1998）。〈中國人之緣的觀念與功能〉。見楊國樞主編《中國人的心理》。台北：桂冠圖書公司。

楊適（1991）。《中西人論的衝突》。北京：中國人民大學出版社。

〔日〕山田榮作（1991）。《全球方略──多國籍企業結構的動態變化》（中文版）。北京：中國經濟出版社。

〔美〕J. 雅可比（1976）。〈八年來的消費者心理學回顧〉。美國《心理學年鑑》。

〔美〕科爾曼（1999）。《社會理論的基礎》。鄧方譯。北京：社會科學文獻出版社。

〔美〕菲利普‧科特勒（1997）。《營銷管理》（中譯本）。上海：上海人民出版社。

Baker, Julie, et al. (1988). "The marketing impact of branch facility design." *Journal of retail banking, 10*(2).

Belk, R. W. (1988). "Possessions and the extended self." *Journal of consumer research, 15.*

Boush, D. et al. (1987). "Affect generalization to similar and dissimilar brand extensions." *Psychology and marketing, 4*(3).

Brooniarczyk, S. M. (1998). "'Consumers' Perception of the assortment offered in a grocery category: The impact of item reduction." *Journal of marketing research, May.*

Cloeman, L. J. et al. (1987). "What is my want by global marketing?" in J. M. Haws et al., eds., *Developments in marketing science 10*. Akron, Ohio: Academy of Marketing Science.

Guber, S. S. (1991). "Children of the 1990's." *Marketing review, 46.*

Keller, K. L. et al. (1987). "Effects of quality and quantity of information on decision effectiveness." *Journal of consumer research, 14.*

Levy, M. & Weitz, B. A. (1998). *Retailing management,* 3rd ed. McGraw-Hill Company, Inc.

Lord, K. R. et al. (1988). "Television program elaboration effects on commercial processing." in M. Houston ed. *Advances in consumer research, 15.*

Markus, H. et al. (1986). "Possible selves." *American psychologist.*

Mittal, B. (1994). "An integrated framework for retailing diverse consumer characteristics to supermarket coupon redemption." *Journal of marketing research, 31*(4).

Potter, D. M. (1954). *People of plenty.* Chicago: University of Chicago Press.

Rafaeli, A. (1989). "When cashiers meet customers: An analysis of the role of supermarket cashiers." *Academy of management journal, 32*(2).

Rafaeli, A. (1990). "Busy stores and demanding customers: How they effect the display of positive emotion." *Academy of management journal, 33*(3).

Roger, B. (1998). "Queues, customer characteristics and policies and for managing waiting-lines in supermarkets." *International journal of retailing & distribution management, 26*(2).

Schiffman, L. G. et al. (1997). *Consumer behavior*, 5th ed. 清華大學出版社。

Sirgy, M. J. (1992). "Self-concept in consumer behavior: A critical review." *Journal of consumer research, 9.*

Zeithaml, V. A. (1985). "The new demographics and market fragmentation." *Journal of marketing*, Summer.

市場營銷心理學

商學叢書

編 著 者／石文典・陸劍清・宋繼文・陳菲
出 版 者／揚智文化事業股份有限公司
發 行 人／葉忠賢
總 編 輯／林新倫
執行編輯／晏華璞
美術編輯／周淑惠
登 記 證／局版北市業字第1117號
地　　址／台北市新生南路三段88號5樓之6
電　　話／(02)2366-0309
傳　　眞／(02)2366-0310
E - m a i l ／book3@ycrc.com.tw
網　　址／http://www.ycrc.com.tw
郵撥帳號／14534976
戶　　名／揚智文化事業股份有限公司
印　　刷／鼎易印刷事業股份有限公司
法律顧問／北辰著作權事務所　蕭雄淋律師
初版一刷／2002年10月
定　　價／新台幣400元
ＩＳＢＮ／957-818-423-9
本書由東北財經大學出版社授權出版發行

國家圖書館出版品預行編目資料

市場營銷心理學 / 石文典等編著. -- 初版. -- 台北
市：揚智文化, 2002[民91]
　　面；　公分. -- （商學叢書）
參考書目：面
ISBN 957-818-423-9（平裝）

1. 市場學 2. 消費心理學

496　　　　　　　　　　　　　　　91012371